农业标准化生产技术丛书

柑橘、杨梅标准化生产技术

GANJU YANGMEI BIAOZHUNHUA SHENGCHAN JISHU

●浙江省农业技术推广中心　组编

浙江科学技术出版社

图书在版编目(CIP)数据

柑橘、杨梅标准化生产技术 / 孙钧主编. —杭州：浙江科学技术出版社，2008.2

（农业标准化生产技术丛书 / 浙江省农业技术推广中心组编）

ISBN 978-7-5341-3275-9

Ⅰ.柑… Ⅱ.孙… Ⅲ.①柑橘类果树—果树园艺—标准化②杨梅—果树园艺—标准化 Ⅳ.S666 S667.6

中国版本图书馆 CIP 数据核字（2008）第 025523 号

丛书名	农业标准化生产技术丛书		
书名	**柑橘、杨梅标准化生产技术**		
组编	浙江省农业技术推广中心		
出版发行	浙江科学技术出版社 杭州市体育场路 347 号 邮政编码:310006 联系电话:0571-85170300-61714 E-mail:scx@zkpress.com		
排版	杭州兴邦电子印务有限公司		
印刷	杭州杭新印务有限公司		
经销	全国各地新华书店		
开本	880×1230 1/32	印张	6.625
字数	180 000		
版次	2008 年 2 月第 1 版		2012 年 5 月第 6 次印刷
书号	ISBN 978-7-5341-3275-9	定价	10.00 元

丛书组稿 章建林 **责任编辑** 施超雄

责任校对 顾 均 **封面设计** 金 晖

责任印务 李 静

《农业标准化生产技术丛书》
编　委　会

主　　任　程渭山

副 主 任　赵兴泉

编　　委　(按姓氏笔画为序)

王月星　王华弟　王岳钧　王建跃
毛祖法　孙　钧　孙　健　吴海平
陆中华　林云彪　赵建阳　顾小根
徐建华　陶冠军　黄　武　舒伟军
童日晖　楼洪志　詹黎耕　蔡元杰
戴旭明

策　　划　徐建华　陶冠军　柴素君

《柑橘、杨梅标准化生产技术》
编写人员

主　　编　孙　钧

副 主 编　陈健民　龚洁强　钱皆兵

编写人员　王立宏　孙　钧　许渭根　陈健民
汪国云　宗四弟　周慧芬　高洪勤
金国强　钱皆兵　龚洁强

序

经过改革开放近30年的发展，特别是近几年建设高效生态农业，浙江省农业综合生产能力大为提高，生产经营方式发生了重大转变，目前正处于由传统农业向现代农业迈进的重要发展阶段。与此同时，浙江省的农业标准化工作也取得了重要进展，标准化意识不断增强，标准化体系不断完善，标准化生产广泛推行，促进了农业整体水平的提升。但是也必须清醒地看到，由于浙江省农业标准化起步较迟，农业生产规模小、农民组织化程度低及文化素质不高，农业标准化尚处在逐步发展阶段，存在着认识不到位、技术不配套、组织不适应、覆盖面不广等问题，迫切需要尽快解决。

农业标准化是农业现代化的基本标志和主要内容。实施农业标准化，是保障农业安全生产、提高农产品质量水平的基础环节，是培育农业品牌、增强市场竞争力的有力举措，是提升产业层次、建设现代农业的必由之路。我们要从全局和战略的高度，充分认识推进农业标准化的重要性，把它与推进中国特色农业现代化建设结合起来，与落实浙江省委、省政府"创新强省、创业富民"要求结合起来，加快农业标准化建设步伐，切实提高工作水平。要按照政府大力推动、市场有效引导、龙头企业带动、农民积极实施的路子，加快构筑科学、统一、权威的农业标准化体系，努力使生产经营每个环节都有标准可依、有规范可循，不断提高农业标准的科学性、先进性、适用性。要大力推广标准化生产，广泛普及标准化知识，积极开展标准化示范区建设。要把推进农业标准化与实施责任农技制度、推广农业技术结合起来，与发展农业产业化结合起来，与保护和培育名牌农产品结合起来，不断提高农业标准化水平，促进农业发展迈上新的台阶。

为帮助广大农技人员和农民群众学习标准化知识，掌握标准化技术，浙江省农业厅组织相关农业专家，围绕浙江省主导产业发展及粮食安全，编写了这套《农业标准化生产技术丛书》，内容包括水稻、双低油菜、蔬菜、西瓜、甜瓜、食用菌、茶叶、蚕桑、柑橘、杨梅、桃、梨、生猪、鸡、鸭、蜂等十多个方面。本套丛书以各产业相关“标准”为蓝本，针对生产实际和农民需要，将优新品种、适用技术等成果寓于标准化之中，突出技术操作规程，突出新品种、新技术的集成配套，力求使复杂“标准”简单“操作”，使标准化知识通俗化、生产规程化、技术模式化，使农民群众看得懂、学得会、用得上。相信通过这套丛书的出版发行，将对浙江省加快实施农业标准化，发展高效生态农业，起到积极的推动作用。

浙江省副省长 茅临生

2007年12月

前言

柑橘、杨梅都是浙江省最具特色优势的农产品，栽培历史悠久，优良品种多，生产水平高，经济效益显著，是浙江省许多地区发展农村经济的主导产业。全省现有柑橘栽培面积为180万亩，产量为200万吨，居全国前列；全省杨梅栽培面积现已突破100万亩，产量达30多万吨，生产规模居全国主导地位，已成为世界杨梅产业的中心。柑橘、杨梅产业的健康发展，对浙江省发展高效生态农业，促进农民致富和农村经济的可持续发展具有重要意义。

随着科技的进步，浙江省柑橘、杨梅等果品质量有了明显的提高，但随着近年来果品产量的激增，尤其是我国加入WTO后，柑橘、杨梅产业已融入国际果品市场，面对日趋激烈的市场竞争，如何提高浙江省柑橘、杨梅的生产水平，保证果品的优质和安全性将显得更为重要。然而，由于各地的技术水平、管理模式等方面参差不齐，不少生产者技术应用不规范，标准化程度底，以至在生产栽培过程中发生各种各样的问题，影响了柑橘和杨梅的果品质量与安全，产业效益未能得到充分发挥，制约了柑橘、杨梅产业的健康发展。

为实现"打造浙江精品果业"的目标，满足各地对柑橘、杨梅标准化生产技术的需求，我们组织了省内有较好理论知识和实践经验的水果技术人员，共同编写了《柑橘、杨梅标准化生产技术》一书。在本书编写过程中，我们参考了国内柑橘和杨梅等相关的地方标准，总结了多年来的科学研究成果和生产经验，结合浙江省柑橘和杨梅生产的实际，着重介绍了浙江省柑橘和杨梅的优良品种、生态环境要求、标准化栽培技术、病虫害防治技术和保鲜贮运等产后技术。本书注重技术的实用性，并具有一定的科学性和先进性。希望本书对浙江省果树生产者柑橘、杨梅标准化技术水平的提高和普及应用，起到积极的推进作用。

由于编写时间较短，加上缺乏编写经验，书中可能存在一些不足之处，敬请广大读者批评、指正，以便今后修订、完善。

编 者

2008 年 2 月

目 录 Mulu

柑橘

一、优良品种 / 2

（一）主栽品种 / 2

（二）推广品种 / 12

（三）优新品种 / 14

二、生态环境要求 / 16

（一）温度 / 16

（二）光照 / 17

（三）水分 / 18

（四）大气 / 20

（五）土壤 / 21

（六）地形地势 / 22

三、栽培技术 / 23

（一）苗木选择 / 23

（二）建园与栽植 / 23

（三）土、肥、水管理 / 26

（四）整形修剪 / 31

（五）花果管理 / 37

（六）高接换种 / 41
（七）设施栽培 / 43
（八）灾害性天气防御 / 47
（九）低产园改造 / 51

四、病虫害防治技术 / 53
（一）柑橘害虫 / 53
（二）柑橘病害 / 67

五、采收、贮藏和分级、包装与运输 / 75
（一）采收 / 75
（二）贮藏保鲜 / 77
（三）分级、包装与运输 / 82

杨梅

一、优良品种 / 86
（一）浙江省主栽品种 / 86
（二）地方特色品种 / 90

二、生态环境要求 / 94
（一）环境要求 / 94
（二）生态要求 / 96

三、栽培技术 / 100
（一）苗木 / 100

（二）建园与栽植 / 103
（三）土、肥、水管理 / 105
（四）整形修剪 / 109
（五）花果管理 / 118
（六）高接换种 / 121
（七）低产园改造 / 124
（八）灾害性天气防御 / 129

四、病虫害防治技术 / 133
（一）主要虫害及防治 / 133
（二）主要病害及防治 / 154

五、采收、保鲜与贮运加工技术 / 164
（一）采收 / 164
（二）分级与包装 / 165
（三）保鲜与贮运 / 166
（四）加工 / 171

附录一　柑商品果分等和分级要求 / 179
附录二　温州蜜柑商品果分等和分级要求 / 181
附录三　常山胡柚商品果分等和分级要求 / 182
附录四　本地早蜜橘商品果分等和分级要求 / 183
附录五　玉环柚商品果分等和分级要求 / 184
附录六　温岭高橙商品果分等和分级要求 / 186
附录七　脐橙商品果分等和分级要求 / 188
附录八　柑橘优质高效生产模式图 / 190
附录九　杨梅周年管理技术要点 / 191
附录十　杨梅病虫害防治无公害农药名称 / 195

柑橘

GANJU

一、优良品种

优良品种是生产优质果品、稳定和提高生产经营效益及确保柑橘产业持续稳定发展的重要基础。浙江省是我国柑橘主要生产省份之一，柑橘栽培历史悠久，优良品种资源丰富，各地农林科研单位在长期的生产实践中，通过选种、引种和繁育等手段，培育出了许多既具地方特色，又能在各主要柑橘产区推广发展的优良品种。

（一）主栽品种

1. 温州蜜柑

温州蜜柑是宽皮柑橘的重要品种，原产浙江黄岩，传入日本后选育出许多新的品种（系）。温州蜜柑抗寒性强，能耐-9℃的短期低温而不受严重冻害；无核、味甜，既宜鲜食，又适合加工，是我国出口橘瓣罐头的最好原料；抗病性强，适应性广，稳产、丰产。因此，栽培区域广泛，发展速度快，是浙江省主要的栽培品种。

温州蜜柑根据果实发育或成熟早迟可分特早熟、早熟及中晚熟三个品种（系）群，特早熟及早熟温州蜜柑以鲜食为主，中晚熟温州蜜柑鲜食、加工皆宜。在浙江省，温州蜜柑的成熟期可从9月上旬到第二年的1月下旬，若采用设施促成栽培、设施完熟栽培等措施，可以实现鲜果的周年供应。

(1) 宫川。又叫宫川早生，是温州蜜柑的早熟芽变品种，原产日本静冈县，是日本主栽品种。我国在20世纪30～40年代引入，60～70年代大力推广发展，是我国目前栽培最广泛、面积最大的早熟温州蜜柑品种。该品种初结果期树势较旺，进入结果期后，树势转弱，树冠矮小紧凑，枝梢短密，呈丛生状。果实圆球形，顶部宽广，蒂部略窄；单果重125克左右，果面光滑，皮薄，深橙色；成熟果可溶性固形物含量在10%以上，含酸量0.8%左右，甜酸适度；囊壁薄，细嫩化渣，品质优良。果实在浙江省10月中旬开始成熟。进入结果期早，果形整齐美观，优质、丰产，对日灼、裂果和炭疽病的抗性较强。适宜进行设施促成、设施完熟栽培。

(2) 日南。从日本引入的特早熟温州蜜柑。由日本从10年生的兴津早熟温州蜜柑的变异中选出。该品种树势强，枝叶不太密，节间长，叶大，树姿与普通温州蜜柑相似。果实扁圆形，单果重120克左右。浙江象山果实在9月中旬开始着色，10月上旬可成熟采收，比宫川早成熟20天以上。成熟果可溶性固形物含量可达10%以上，含酸量1%以下。甜酸适宜，风味浓郁，是我国目前正在推广发展的特早熟温州蜜柑品种之一。

(3) 市文。是由日本从宫川温州蜜柑中发现的变异株培育而成的特早熟温州蜜柑品种。浙江省在20世纪80年代初从日本引入。该品种树冠矮小，树势弱，枝密生，枝梢节间短；单果重110克左右，果形扁平，并且有果越大越扁平的趋势；果面油胞少而稀，幼龄树果实油胞较粗糙；果实在9月中旬开始着色，10月上旬完全着色；减酸快，在9月底可降至1%以下；可溶性固形物含量9%～10%，在9月下旬至10月上旬风味最佳，完熟果实易出现浮皮，品质下降；丰产、稳产性好，是目前浙江省上市最早、栽培最多的特早熟温州蜜柑品种。

(4) 兴津。是日本兴津园艺场从以宫本为母本、枳为父本的杂交后代珠心苗中选出的早熟温州蜜柑品种。我国在20世纪60年代引入，80年代开始推广。该品种树势强健，是早熟温州蜜柑中树势较强的品种之一，枝梢生长旺盛、分布均匀；果形扁圆或倒圆锥状扁圆，果面橙红、鲜艳；单果重130克左右；果肉橙红色，可溶性固形物含量10%～11%，含酸量0.7%，具微香，肉质细嫩化渣，品质上乘；果实在10月中、下旬成熟；若幼龄期树势控制得好，可提早结果；丰产、稳产，适应性广，在浙江各地均有种植。

(5) 尾张温州。原产日本爱知县。是我国较早从日本引入的中熟温州蜜柑品种之一，也是目前浙江省栽培最多、分布最广的温州蜜柑品种。该品种树势强健，树冠高大、张开，丰产；果实扁圆形，单果重130克左右；果面橙色，较光滑；果皮中等厚度；囊瓣近半月形，囊壁较厚，不化渣，可溶性固形物含量10%～11%，含酸量0.8%～1%，品质中等；在浙江省果实11月中、下旬成熟，丰产性好，较耐贮藏。该品种是我国目前加工出口橘瓣罐头的主要原料品种之一。

(6) 立间。是由日本从尾张温州蜜柑的变异中选出的特早熟温州蜜柑品种，1966年引入我国。该品种树势中等偏弱；果实扁圆形，单果重140克左右，果顶柱点常开裂成脐状；果面橙色，较光滑，果皮薄；可溶性固形物含量10%，含酸量0.5%～0.6%，肉质细嫩化渣，甜味浓，品质比宫川好；10月上、中旬成熟；优质丰产，但有返祖现象，性状不太稳定，在日本推广不多；引入我国后，表现尚好，发展也较快。

(7) 龟井。从日本引入。我国各柑橘产区有少量种植。该品种树势弱，树冠矮小紧凑、枝簇状；果实高扁圆形，单果重100克左右。果面橙色；果肉橙红色，可溶性固形物含量在11%以上，质脆少渣，甜酸适度，品质优良；10月上、中旬成熟。该品种在20世纪30年代引入我国后，因树势弱，株产低，较容易发生日灼和裂果现象而发展不快；但其树冠矮小，适宜密植，只要加强肥水管理，仍有望丰产，因而是优质果生产的可选择品种。

(8) 松山。从日本引入，为尾张温州蜜柑的变异品种，我国的四川、重庆、浙江、湖南等地有少量种植。该品种树势中等，果实扁平，较大，单果重140～150克；果面橙黄色，皮薄光滑；汁胞柔软多汁，可溶性固形物含量9%～10%，含酸量为0.4%，味甜，但风味不够浓；10月上、中旬成熟，较宫川稍早；丰产性好，品质中上，但不如兴津和宫川品质好，可适当发展。

2. 椪柑

椪柑，又名芦柑、汕头蜜橘，为世界优良品种，在我国的栽培仅次于温州蜜柑。椪柑主产于我国福建、广东、广西、浙江、台湾等地。果实扁圆或高扁圆形；果皮橙黄色，厚度中等，有光泽，果皮易剥离，单果重120～

160 克；囊瓣肥大，肾形，9～12 瓣，中心柱空而大，种子 5～10 粒；可溶性固形物含量在 11%以上，含酸量 0.5%～0.9%，维生素 C 含量为每 100 毫升 30 毫克左右；果肉质地脆嫩、化渣、汁多、味甜，有香气，风味浓，品质佳，适于鲜食；11 月上旬至次年 1 月中旬成熟。椪柑具有较广泛的适应性，尤以福建闽南三角洲地区、广东潮汕地区及我国台湾省南部等南亚热带中段栽培所产的椪柑品质最佳；年平均温度要求 20～22℃，≥10℃年有效积温 7 000～7 500℃；如偏南，随着温度的增高，品质劣变随之加剧；如偏北，尚能高产，但果皮与果肉较为紧密，含酸量提高，果形趋小，贮藏性增强，各地可就近选择适宜的品种（系）进行栽培，自南方引种要先进行试栽。

（1）长源 1 号。选自于福建诏安。树势强健，进入结果期早，丰产性好；果实扁圆形，外观端正，平蒂；果大，平均单果重 150 克左右；果皮橙红色，较光滑，油胞微凸，皮松易剥，不易裂果，果皮厚度中等；囊瓣 9 瓣左右，中心柱大而空，种子少，可食率 75%，可溶性固形物含量 14%，含酸量 1.2%，肉质脆嫩，汁多化渣，风味浓甜，品质上等；12 月上、中旬成熟。长源 1 号椪柑适于粤东、闽南地区发展，部分果实顶部有开裂小脐，易产生“脐黄”，后期落果多。

（2）丽水椪柑。选自于浙江丽水。树势强健，树冠较直，进入结果期较早，丰产、稳产，抗逆性较强。果实高圆形，平均单果重 140 克左右；果顶稍凹，蒂部平；果皮橙黄色，具光泽，油胞细小，果皮略厚，囊瓣长肾形，中心柱空虚，可食率为 78%，可溶性固形物含量 12%，含酸量 0.9%；11 月下旬成熟；果肉脆嫩多汁，风味浓甜，具香气，品质佳，耐贮藏；种子稍多。

（3）太田椪柑。从日本静冈县引入。该品种树形比普通椪柑开张，树势弱，叶片小，枝梢较细弱；果实呈扁圆形，果顶有洼陷；果皮橙黄色较浓，果面较光滑，平均单果重 150 克左右；果皮薄，剥皮容易，果汁较多，甜酸适口，可溶性固形物含量 11%～12%，含酸量 0.7%；种子少，在自花授粉条件下果实多数无核。太田椪柑以果皮着色早，果肉减酸早为特征，可在 11 月中、下旬采收，不耐久藏，到 1 月中、下旬，果实风味变淡。可以作为早熟椪柑发展。

3. 其他宽皮橘类

(1) 本地早蜜橘。原产浙江黄岩。该品种是黄岩橘区的主栽品种之一,福建、江西等省有少量分布;树势强健,树冠呈自然圆头形;较丰产;耐寒耐涝,适于气候温和,冬季最低温度不低于-7℃,雨量充沛、地下水位低的平原地区种植,经济寿命40～50年。果实11月上、中旬成熟,较丰产;果实较小,单果重82克左右,果形端正,顶端微凹;果皮橙黄色,略显粗糙,果皮厚2毫米,易剥皮;果肉橙黄色,组织紧密,柔软多汁,可溶性固形物含量12.5%,含酸量0.7%。单果平均种子数2.4粒,可食率77%,味甜酸少,有香气,囊衣薄,易化渣,品质优良,是鲜食和制罐兼优的品种;果实贮藏性中等,可贮至1月底。

从普通本地早蜜橘中选出的少核本地早蜜橘,品质更优,其中新本1号、2号表现尤佳。新本1号、2号的树体形态、枝叶、果实外形与普通本地早蜜橘稍有不同,树冠高大,枝梢生长量大,花量多,养分需求量大,最明显的区别是花器退化,畸形花比率高,花粉退化,因此表现为少核或无核;树势较强健,果实形状与普通本地早蜜橘相近,成熟期早1周左右,丰产、稳产;修剪上应以疏删与短截为主,增加通风透光,维持健壮的树势,培养立体结果的树冠。针对该品种梢果养分竞争比较激烈的特点,可以采用二次环剥保果,即在花谢2/3时,选择粗度3～4厘米的侧枝,环剥口宽度0.2～0.3厘米,在环剥后20～25天左右再检查一次,对提前愈合的环剥口重新擦去愈合组织;如果部分枝梢生长部位过高,应让其大量结果后在次年回缩,促发新梢。

(2) 南丰蜜橘。原产我国江西,又名金钱蜜橘、邵武蜜橘。无刺,叶小,椭圆形。果实扁圆形,小,单果重30～50克,两端广平或微凹,顶端多有假脐;果面橙黄色,较光滑,皮薄易剥;果肉柔软多汁,风味浓甜,囊壁较厚而韧,不甚化渣,少核,单果种子数1～2粒或无核,品质中上;11月上、中旬成熟,果实不甚耐贮,丰产。

南丰蜜橘素以果小皮薄、风味浓甜著称;适应性广,各柑橘产区均可栽培。目前生产上有大叶、小叶、大果、小果、桂花蒂等多种类型。小果系风味品质好,抗逆性差;大果系外观较漂亮,但渣多、核多,味较淡,且易浮皮枯水，耐贮性差。江西南丰新选的杨小 2～6 为典型小果系，发展较多。浙江黄岩等地的乳橘与南丰蜜橘极为相似，但果稍大，成熟较早；树势中等，果皮有特殊气味，耐寒性强。

(3) 满头红。原产浙江，自朱红橘的实生苗中选出。树势较强，树冠圆头形；果实扁圆形，单果重 100 克左右，果面光滑，橙红色，皮薄易剥；中心柱大而空，果肉细嫩化渣，风味较浓；单果种子数 5 粒，品质中上；11 月上旬成熟，不易贮藏；耐寒性较强，产量较高，可以适当发展。

4. 脐橙

俗称抱子橘，其果顶有脐，着生一个次果，果实无核、味甜、肉脆、清香、化渣。脐橙是甜橙类中早熟的品种类型，多在 10～11 月成熟，树势稍弱，对气候的适应性较窄，主产于西班牙、摩洛哥、土耳其、南非、美国加州、澳大利亚、乌拉圭和阿根廷。我国自西班牙、日本、美国引入的数十个脐橙品系，集中产地为重庆奉节、湖北秭归、江西赣州等地。脐橙以鲜食为主，出汁率较低，果汁容易产生苦味，故不适合加工橙汁。其中主要品系有：

(1) 朋娜。原产美国。树势中强，树冠较紧凑，抽枝多而短，花量适中；果实圆球形，较大，单果重 260 克左右；果皮深橙黄至橙红，果肉脆嫩，较化渣，汁多，糖酸含量高，甜酸适口，风味浓；适应性良好，进入结果期早，丰产、稳产。生产中存在的主要问题是结果量多时会出现果实大小不均，并时有裂果现象发生。

(2) 纽荷尔。原产美国。树势较强，树姿张开，成枝力强，枝上具小刺；西班牙系纽荷尔果实长椭圆形，美系与其相比果形略短；单果重 250 克左右，果形独特而美观，果皮橙红色，较光滑，脐较小，多为闭脐，果汁含糖量高，减酸早，较丰产，品种优良，成熟期比朋娜稍迟几天。定植 3 年后才开始结果，较丰产，还具有抗日灼、抗脐黄、不裂果的特点，但树势过旺容易引起结果不稳定。

(3) 清家。原产日本。树势中等，枝梢较稀疏，叶片稍小，节部较粗大，果实略呈长圆球形，单果重 200 克左右，果皮薄，呈浓橙红色，外观美，含糖量较高，甜酸适中，清香，品质优；11 月中、下旬成熟。适应性良

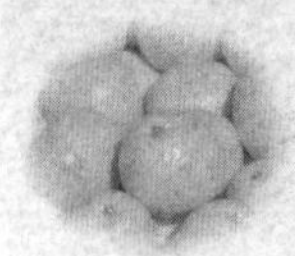

好,投产早,较丰产。

(4) 红玉脐橙。又名卡拉卡拉。原产秘鲁。果实呈球形,单果重230克左右,果皮橙色,较光滑,闭橙,不易剥皮;果蒂部有部分维管束呈红色;果肉深红色,鲜艳,风味浓、甜,有香气,化渣,无核,品质上等;耐贮藏,并且经贮藏后果皮颜色更深,转为橙红色;成熟期11月底至12月上旬。栽培上要求肥水充足,因为易感溃疡病,不耐涝,种植时应当注意地势的选择。

5. 杂柑类

(1) 常山胡柚。是柚与甜橙的自然杂交种,原产浙江常山,浙江省栽培较多。该品种树势强,树冠自然圆头形,枝梢较直立;果实梨形或圆球形,单果重350克左右,挂果多时果实个小皮薄,挂果少时果实个大皮厚;果顶有明显或不明显的印圈,皮色金黄或橙黄色,有粗皮和细皮之分;囊壁厚,较易剥皮,可食率68%,可溶性固形物含量达11%,甜酸适度,略带苦味,风味浓爽可口,品质较优;宜鲜食,亦可制汁、制罐。单果种子数10～40粒,单胚或多胚;少核种3～4粒,间有无核。11月中、下旬成熟。丰产性好,较抗寒,又甚耐贮藏,可在柑橘栽培的北缘地区栽培。

(2) 象山红橘橙。是浙江省象山县从国外引进并经多年选种获得的新品种。该品种树姿张开,树冠较小,树势中庸,枝梢略细;花小,单生,花粉少,单性结实能力强,无核,异花授粉能形成种子;果实12月中旬完全着色;果皮较薄,约3毫米;果面光滑,具甜橙类香气;果肉橙色,肉质柔软多汁,囊壁薄,无苦味;中心柱小,成熟果实可溶性固形物含量11%～12%,含酸量1%左右。象山红橘橙对柑橘溃疡病较敏感;对柑橘衰退病毒感病,茎陷点病表现轻到中等,近果梗部果皮时有龟裂现象发生。结果性能佳,丰产;品质优,风味好;花期晚,秋季气温低则减酸更迟,所以要尽可能选择无大风、温暖的立地环境栽培;浙江的东南沿海橘区和小气候条件较好的地区可以适当发展,适于冬季温度在-3℃以上的地区栽培,也可作为设施栽培用品种推广。

(3) 清见橘橙。是日本采用曲洛维他甜橙(华脐实生变种)与宫川温州蜜柑杂交育成的橙橘杂交品种。该品种树势比温州蜜柑稍强，幼树期树姿稍直立，开始结果后逐渐开张；枝梢细长，易下垂；叶片大小中等，叶缘波状；花小，花柱大，且弯曲；花药退化，花粉全无，单性结果能力强；果实扁圆形，单果重220克左右；果面橙黄色，较光滑，剥皮比温州蜜柑稍难；果肉橙色，囊壁薄，果肉柔软多汁；果皮、果肉具甜橙香气，风味较佳；一般无核，异花授粉时有2～3粒种子；可溶性固形物含量11%～12%，含酸量1%左右；果皮脆弱，易受风寒；成熟期为3月上、中旬。结果多时易出现大小年现象，适合于冬季温度较高的地区栽培发展。树体耐寒性较强，但较温州蜜柑弱；抗溃疡病和疮痂病。因果实必须在树上越冬才能提高糖度，所以不宜在有冻害的地方栽植。贮藏中果实易发生油胞病，特别是在贮藏温度较高(10℃以上)时，更容易发生，而在5～8℃贮藏条件下则可以抑制油胞病的发生，而用薄膜单果包装贮藏可以有效减少油胞病的发生。

(4) 红玉柑。浙江省柑橘研究所育成，亲本为新本1号(少核为本地早蜜橘)与刘本橙(刘勤光甜橙×本地早蜜橘)，通过回交途径选育而成的，是我国首先报道的橘—橘橙杂交种。红玉柑具宽皮柑橘易剥皮的特点及橙的色泽与香气，果形较大，品质佳，可作为新的花色品种适当发展。目前，在浙江省已有一定的栽培面积。该品种树势强健，树姿半开张，树冠呈自然圆头形；枝梢萌发力强，密生，少数强壮夏梢有刺；叶色浓绿，花期较早，比本地早蜜橘早5～7天，花期较集中，约10天左右；以春、秋梢为主要结果母枝，结果性能良好，丰产、稳产；果实高扁圆形，单果重130克左右；果皮橙黄，色泽鲜艳，光滑，皮较紧，可以剥皮，油胞小，微凸；中心柱较空虚，肉质脆嫩，囊壁不甚化渣，在单一品种栽培下常无核，与具花粉品种混栽情况下单果种子数1～2粒；11月初开始转色，11月下旬成熟，品质上乘，果实可溶性固形物含量可达到12.5%，适于鲜食和制汁，易贮藏，宜春节前后上市。红玉柑为橘橙类杂种，抗寒性比温州蜜柑稍差，可在年平均温度17℃以上，绝对最低温度-6℃以上地区栽培，无需授粉树，可单一成片栽培；在自然条件下，对柑橘疮痂病抗性强，溃疡病的发病也较轻；砧木可选用枸头橙、蟹橙、本地早蜜橘等。

(5) 温岭高橙。起源于柚与橙、橘的自然杂种。树冠呈自然圆头形，

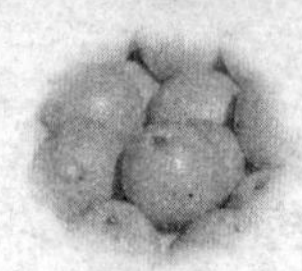

树势强健，枝梢粗壮，有刺。果实高圆形，单果重400～500克，果面稍粗糙，果皮橙黄色，汁液丰富，可溶性固形物含量11%，含酸量1.5%。11月中、下旬采收，也可以延迟到次年1～2月采收；贮藏性好，可贮至次年4～5月。该品种是一个品味独特的地方良种，适应性广，抗逆性强，栽培容易，丰产性好，可作为区域性发展。

(6) 不知火。由日本育成，亲本为清见与中野3号椪柑。在日本，10月中旬开始着色，12月上旬完全着色，成熟期晚，翌年2～3月成熟。该品种树势弱至中等。幼树期树姿较直立，进入结果期后开张；枝梢密生，细而短；刺随树龄的增长逐渐消失；叶略小，与椪柑相似，叶厚，叶翼较大；单性结果强，无核或少核；果实倒卵形或扁球形，果形指数1.00～1.20，果蒂部有突起短颈，也有完全无短颈的，无颈的扁平，果顶部多有脐，果形和果实大小都不整齐，单果重200～280克；果皮橙黄色，果皮厚3.5～5毫米，成熟果果皮稍厚，易剥皮，有椪柑香味，无浮皮；果肉橙色，肉质柔软多汁，囊壁极薄而软，可溶性固形物含量13%～14%，高的可达16%，含酸量1%左右，风味极好，品质优。树体耐寒性与清见相同；对溃疡病、疮痂病的抗性与双亲一样强。因果实须在树上越冬成熟，所以栽培地的年平均温度必须在16.5℃以上， 到采收前-3℃以下的最低温度持续时间不能太长。可用作砧木，也可高接于温州蜜柑、甜夏橙上，适于设施栽培。

(7) 南香。由日本育成，亲本为三保早生温州蜜柑与克里迈丁红橘。该品种树势中等，直立，结果后开张；枝叶密生，春梢短且硬，大多数枝上都有刺，随树龄的增长逐渐退化至无；叶片较温州蜜柑略小，比克里迈丁红橘大，叶色较浅，冬季较易落叶；果实高腰扁球形，果形指数1.10～1.15，果顶部突起有小脐，平均单果重130克左右；果皮浓红橙色，油胞略大，果皮薄并与果肉密生，剥皮较温州蜜柑稍难，不浮皮；果肉浓橙色，囊壁薄，汁胞短，完熟后柔软多汁，糖度高，12月上旬达13%～14%；着色虽较温州蜜柑早，但减酸迟；成熟期12月中、下旬，结实性良好，无核。

(8) 伊予柑。原产日本。起源于橘柚类的自然杂交种。在浙江黄岩，11月上旬开始着色，12月上旬采收，经贮藏可在春节前后出售。目前引入我国的伊予柑主要有 3 个品系，即宫内伊予柑、大谷伊予柑和胜山伊予柑。进入结果期早，结果性能强，丰产。伊予柑树势中庸，节间短，枝叶密生；叶片较直立；果实高扁圆形，单果重 200～250 克，果面略显粗糙；大谷伊予柑果面光滑，呈橙红色，外观漂亮，果皮较厚但易剥离，果肉柔软多汁，具芳香，单果种子数 5～10 粒；胜山伊予柑树势比宫内伊予柑稍强，宫内伊予柑树势比大谷伊予柑稍强。果肉品质以宫内伊予柑、胜山伊予柑为好，大谷伊予柑风味较淡、偏酸。耐寒性略强于脐橙，比温州蜜柑弱，对有效积温要求较高，通常要求栽培地区年平均温度16.5℃以上，绝对最低温度不低于-5℃。园地以水源充足、排水良好、向阳、土壤肥沃为佳。

砧木选用枸头橙、高橙、本地早蜜橘等强势品种为好，伊予柑若用于高接换种，宜选用中晚熟温州蜜柑、本地早蜜橘等作中间砧。伊予柑高接在甜橙上树势较弱，挂果量过多，易衰弱，要慎用。

6. 柚类

（1）玉环柚。原名玉环文旦，主产浙江省玉环县。树势强健，树冠自然圆头形，较开张；树枝粗壮，有小刺，叶片长椭圆形；果实扁圆形或高扁圆形，顶部宽广，中等大小，平均单果重 1 400 克左右；果皮蜜黄色，较光滑，油胞大而稀疏；常无核，中心柱大而空，囊瓣 14～18 瓣；果肉白色，肉质脆嫩多汁，甜酸可口，风味浓，无异味，可溶性固形物含量 11%以上，固酸比 10:1，品质上等、耐贮藏；丰产性好；易裂果，严重年份裂果率可达 30%以上。在浙江玉环 10 月中、下旬成熟。宜选择冬季无冻害地区种植。

（2）早香柚。又名永嘉香抛，主产浙江省永嘉县。树势强健，树冠呈自然圆头形，较开张；枝梢生长旺而粗壮，内膛枝梢生长均衡；叶片大而肥厚，椭圆形，色浓而有光泽，翼叶小；果实梨形，单果重 1 000～1 500 克，果面光滑细平，果皮芳香浓郁，橙黄色；果肉乳白色，肉质脆嫩化渣，糖多酸少，爽口清香；可溶性固形物含量 11%～13%，少核或无核，品质优良。产地成熟期在 9 月下旬至 10 月初。耐贮藏，丰产、稳产。

（3）苍南四季抛。又名四季抛，是浙江省苍南县从当地土柚的实生

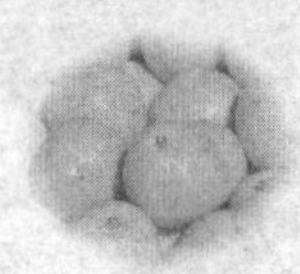

变异中选育而得,因能四季开花结果而得名。树冠高大,呈半圆形,树势中等,开张度较大;果实倒卵圆形,单果重700～1 300克,果形指数1.08;头季果果顶钝,微突,有明显环状印圈,果蒂部较平,有短放射沟;果面光滑,油胞细密,皮色淡黄,较薄;果肉白色或淡黄色,囊瓣肾形,12～16瓣,中心柱小,无核或少核,可食率53.5%～62.7%;可溶性固形物含量0.7%～1.88%,每100毫升果汁含维生素C 39.87～54.00毫克,汁多,酸甜适度,品质佳。果实在浙江苍南10月上旬至11月下旬成熟。耐贮藏,常温下可贮藏到次年5～6月。

(4) 佛香柚。又名舟山水晶文旦,原产金塘镇水库村裘家庭园,故又称“裘家文旦”,是20世纪80年代选育的一个地方柚类良种。佛香柚植株高大,树势强,树形开张;发枝力强,枝梢粗壮强健,具有生态适应性强、成冠快、结果早的特点;果实大小适中,平均单果重1 250～1 750克,无核或少核;果皮油胞细密,色金黄,果皮易剥离,且组织紧密;耐贮运,可贮存至翌年3、4月份;肉质脆嫩,橘香味浓,可溶性固形物含量11%～13%,品质优异;在浙江舟山10月下旬成熟,裂果少,丰产、稳产性好。

(二) 推广品种

(1) 大分。又叫大分早生,是从日本引进的特早熟温州蜜柑新品种。该品种树势强,单果重约118克,果形扁圆,果面油胞明显,减酸快,糖度高,9月上旬可达9.0以上,甜酸适度,果实可延后至10月中旬采摘,可溶性固形物含量可达12%,风味极佳。结果性好,抗病、抗冻,适应性广。

(2) 上野。是日本佐贺县在20世纪70年代从宫川温州蜜柑的变异枝条中选育而成。该品种树势比宫川稍强,叶片椭圆形,全缘,叶尖和叶基均呈尖状,叶身小,叶片比宫川稍大;新梢生长较粗壮,开花期与宫川基本相同,花多,单性结果率高,丰产、稳产;果实中等大小,单果重120克左右,果形扁圆,果形指数1.35,大小均匀;果面光滑,果皮薄,易剥皮,成熟后不易浮皮。在浙江象山9月下旬开始着色,10月中旬成熟,成熟期比宫川早10～15天；适应性强，宜选择在排水良好、光照充足、土层深厚、避风温暖的山坡地或平地种植。

(3) 宫本。是日本和歌山县从宫川的变异枝条中选育而成。该品种树势、树冠和宫川相似，叶片稍小，叶色浓绿，枝条密生易形成丛生枝；枝条下垂，结果性好，丰产、稳产；果实中等大小，果形扁平整齐，果形指数1.2左右；果面光滑，果皮薄，剥皮容易。在浙江宁波9月中旬开始着色，10月上旬成熟，果皮着色和果肉减酸比宫川早15～20天。

(4) 丰福早生。是从日本引入的特早熟温州蜜柑品种，是对大浦温州蜜柑与森布朗甜橙的杂交种子进行珠心胚分离培育而选育成。该品种树势强健，树冠大，枝条粗壮；果实圆球形，橙黄色，油胞密、中凸，果顶柱点大；果肉汁多，味甜酸少，中心柱小，品质好。在浙江象山10月上、中旬成熟，不易隔年结果，也不易产生浮皮和裂果。

(5) 山田温州。原产日本，树势中强，开张，枝条有下垂性；果实扁圆形，单果重100克左右，果皮较厚，橙色，油胞点大而突出，凹点深而明显；囊壁厚韧，不化渣，可溶性固形物含量11%～12%，含酸量0.8%。风味浓甜，品质中上。11月上、中旬成熟，较丰产、稳产，较耐贮藏。

(6) 青岛温州。日本静冈自尾张系枝变中选出。该品种树势强，树枝稍直立，坐果率高，丰产性好；果实扁平，较大，单果重130～140克，果面油胞小而光滑，果皮略厚；中心柱大而空虚，囊壁略厚，肉质柔嫩，品质较好，12月上、中旬成熟。经贮藏后肉质软化，口感变佳。因有叶花结果占相当比例，容易形成大果、高桩果，栽培上不宜选择太肥沃的园地，以日照时间长、排水良好的缓坡地为宜。

(7) 南柑20号。引自日本。该品种树势中庸，叶片中大，强旺春梢偶有枝刺发生，着花多，丰产性好，大小年不明显；果实呈扁圆形，大小中等，单果重120克左右，果顶部油胞略有突出，通常果面较平滑，美观，果皮浓橙色，囊壁薄而化渣，风味佳，糖酸比高；着色早，11月上、中旬成熟。

(8) 宁红。浙江选自尾张系枝变。该品种树势中等，树冠矮小，紧凑，叶片较大，节间短；果实呈扁圆形，单果重75克左右，果皮较光滑，果肉橙色，质地脆嫩，甜酸适口，味浓，可溶性固形物含量达12%；成熟期较早，11 月上、中旬成熟，适于作全去囊衣橘瓣罐头原料。该品种树冠较矮化，适宜密植。

(9) 汪村 1 号椪柑。是衢州市 20 世纪 80 年代初从当地椪柑中选育出的椪柑良种。汪村 1 号椪柑树体直立，树势较强，结果习性好，进入结果期早，丰产；果实在衢州 11 月中旬开始成熟；果形端正，呈高扁圆形，果形指数 0.68，果蒂和果顶部广平，果脐明显；果皮橙黄色，有光泽；果肉细嫩、化渣，香味浓郁；减酸较普通椪柑早，可溶性固形物含量达 11%～13%，含酸量 1.0%以下，每百克果汁中维生素 C 含量 35.4～45.3 毫克；种子少，平均单果种子数 4 粒左右；可食率 81%以上；是适宜于早上市的椪柑良种。

(三) 优新品种

(1) 春香。日本从日向夏的自然杂交实生树中选出的杂柑品种。该品种树势中庸，枝梢密生；单果重 200 克左右，果实高卵圆形，果皮金黄色，果蒂突出，果肉橙色，清香爽口，可溶性固形物含量 13%，含酸量 0.8%以下，质优味甜；囊衣厚，化渣性稍差；以春梢结果为主，丰产性好，不浮皮，不裂果；1 月中、下旬成熟，12 月上旬采摘风味也较佳，可贮藏到次年 2～3 月不缩水。宜选择在冬季温暖地区种植。

(2) 爱媛 28。日本从南香×天草杂交育成的杂柑品种。该品种树势中等，结果性好；单果重 250 克左右，果实短卵形到球形；果皮浓橙色，较光滑；果实减酸早，增糖快，可溶性固形物含量达 13%；果肉橙色，柔软多汁，囊衣薄，化渣性好，有香气；单性结实强，果实无核。宜选择在冬季温暖地区种植。

(3) 有名。日本用清家脐橙×克里迈丁杂交育成的杂柑品种。该品种树势中等，树姿开张，枝梢密生、细短，幼树有刺，成龄后刺退化；单性结实强，果实无核率高；果实球形，与脐橙相似，单果重 170～200 克，大小整齐度较差；果皮橙黄色，着色早，完全着色在 12 月中旬；果肉橙色，肉质柔软多汁，具脐橙风味和香气；果面光滑，外观良好；果皮果梗部厚，果顶部薄，剥皮比脐橙容易，秋季易裂果；12 月上、中旬成熟，可溶性固形物含量12%～13%，含酸量0.8%～0.9%。抗寒性差，应选择避强风、土壤肥沃、无冻害的温暖地区种植。

(4) 天香。日本以恩科尔橘育成的杂交种。该品种树势中等；树姿开张，枝略下垂，枝梢密、细、短，无刺，叶细长；完全无花粉，果实无核，但容易形成异花授粉种子，单性结果较强；果实偏大，果实200～250克，扁球形，果梗部突出；果皮橙色，皮薄，柔软，易剥离，果面光滑，具有以恩科尔橘为主的类似甜橙的香味；果肉橙色，囊壁极薄，柔软多汁，无苦味；可溶性固形物含量11%～12%，高的可达到14%，含酸量0.6%～1%，风味良好；10月上旬成熟。树体耐寒性与清见相同；较抗溃疡病，对疮痂病的抗性与温州蜜柑相同，茎陷点病的发生程度较轻。

(5) 脐血橙。原产西班牙。我国在四川、浙江、广东、广西等地有少量栽培。果实椭圆形，中等大，单果重150克左右；果皮橙黄色，充分成熟时带红色斑纹，光滑，稍厚，果顶常有花柱缩存；果肉脆嫩化渣，汁较多，完熟时汁胞呈紫红色，酸甜爽口，具清香，无核，品质上等；可溶性固形物含量11%～13%，含酸量0.7%～0.9%；翌年2月上、中旬成熟，耐贮藏。进入结果期早且丰产、稳产。

(6) 路比血橙。又名红玉血橙，原产地中海。果实近圆球形或略扁，中等大或偏小，单果重130～140克，充分成熟时果面呈深浅不一的紫红色或带红斑，果皮较厚，难剥离；成熟时，果肉也呈紫红色斑纹，汁胞柔软，汁液丰富，酸甜味浓，具特殊浓郁香味；果实可食率71.4%，果汁率58%；可溶性固形物含量10%～11.5%，含酸量1.0%；单果种子数10～13粒；翌年1～2月成熟，较耐贮藏，贮后风味更佳。

二、生态环境要求

柑橘生长对外界生态环境条件有特定的要求，主要是温度、光照、水分、大气、土壤、地形地势等因素，现代无公害柑橘生产应选择生态条件良好、远离污染源并具有可持续生产能力的农业区域。

（一）温　度

柑橘属亚热带常绿果树，性喜温暖湿润的气候，为不耐寒的常绿果树。在影响柑橘生长发育的环境条件中，温度的关系最大，也是最不容易进行人工调节的主要因子。

生产上决定柑橘能否栽培的限制因子，主要是冬季到早春的低温界限。柑橘对温度的要求，因种类、品种的不同而有差异，主要指标是年平均温度16～22℃，绝对最低温度≥-7℃，1月平均温度≥4℃，≥10℃年有效积温在5 000℃以上。各种类的温州蜜柑要求年平均温度在16℃以上，冬季极端低温≥-9℃，≥10℃年有效积温在5 000℃以上。椪柑要求年平均温度在17℃以上，冬季极端低温≥-5℃，≥10℃年有效积温在7 000～7 500℃以上。橙类要求年平均温度在16℃以上，冬季极端低温≥-5℃，≥10℃年有效积温在6 000～6 500℃以上。文旦柚要求年平均温度在16℃以上，冬季极端低温≥-5℃。

柑橘生长适宜的温度是23～29℃，如果气温低于12℃或超过40℃时，植株停止生长。柑橘比较耐高温，在土壤水分充足的条件下，即使温度高达40℃，一般不会落叶。但温度高于37℃、土壤水分又缺乏时，就会显著抑制柑橘生长，有时也会发生落叶现象。夏季高温干旱使树体蒸腾量增大，树体水分供应不足，会出现叶片萎蔫，果实停止生长，落果。气温在35℃时,光合作用降低一半。同时夏季的高温伴随强日照会引起枝干和果实的灼伤,也会引起土壤中部分浅表根系的死亡。在幼果期,如遇35℃以上气温并伴随干旱,会发生严重的异常落果,夏季气温高于45℃时,果实就会发生日灼,花和果实发育期的温度异常会加重落花落果及影响果实的膨大。冬季低温会引起冻害,不同柑橘种类和品种(系)的耐寒性有一定的差异。

在一定的温度范围内,柑橘果实的含糖量随温度升高而递增,含酸量则随温度下降而递增。温州蜜柑的糖分在20～25℃时积累最高。

(二)光 照

光照是柑橘不可缺少的生态因素,是光合作用制造有机物所必需的能量来源,光照过多或不足,都会影响柑橘的正常生长结果。柑橘是短日照的果树,喜漫射光,一般要求年日照时数为1 200～1 500小时,柑橘的光合作用及正常生长所必需的光照强度为9 000～13 000勒克斯。

良好的光照会使枝、叶、花芽生长发育良好,如花期晴朗有利提高坐果率,生理分化期晴朗有利花芽分化,果实生长成熟期晴朗有利结实,提高品质,增加着色,在果实成熟后期,充足的阳光有利于提高果实糖分的积累,8～11月时的光照对果实品质的影响最大。光照不足往往不利于开花与坐果,引起落花、落果,叶片大而薄,叶色变淡,内膛枝枯死,导致果实含糖量减少,品质下降。

柑橘耐阴性较强,夏季高温时强烈光照会抑制柑橘营养生长,并且易造成枝干和果皮发生日灼病,使果皮干燥,树皮干裂,生长不良。冬季强烈日照不利树体半休眠而致生长衰弱,且会加重冻害。

不同柑橘种类、品种对光照要求略有不同,宽皮柑橘对光照要求较多,而橙类、杂柑类、柚类较为耐阴,如温州蜜柑比较适宜日照强度较大的环境。在生产上要根据各品种对光照的要求,合理种植。

（三）水　分

柑橘喜温暖多湿，适宜的雨量和湿度有利于柑橘的生长发育，从而提高柑橘品质和产量。柑橘生长一般要求年降雨量为1 200～1 500毫米，相对湿度75%左右，土壤田间持水量60%～80%，过多雨量或干旱都不利于柑橘的正常生长发育。

降雨量的季节分配相当重要，柑橘生长期内每月要有120～150毫米的降水量，如果少于120毫米，就会感到水分不足，影响柑橘的正常生长发育。夏秋季持续干旱遇雨会引发特早熟温州蜜柑、脐橙、本地早蜜橘等裂果，造成损失。如遇连续阴雨，光合作用就弱，树体内碳水化合物积累少，果实着色不良，品质下降。降雨也易使新梢徒长，不利于花芽形成，并诱发病虫害发生，严重的导致烂根，引起花、果、叶的脱落，甚至死亡。秋冬季果实发育期如遇干旱，轻则影响果实膨大，重则果小、皮糙、汁少，品质变劣。雨水充足，湿度适宜，果皮光滑，色泽鲜艳，汁多味甜。冬季干旱，有利于花芽分化，但花质可能会因此降低。

浙江年降雨量比较充沛，是全国雨量较丰富的地区之一，柑橘产区正常的年降雨量均在1 200～1 500毫米范围内，完全能满足柑橘生长发育的需要。但是浙江的降雨量每年变动较大，季节间也不均衡，在夏秋季常发生干旱，尤其以浙中金、衢地区最为明显，需要通过灌水来满足柑橘生长对水分的需求。台州、宁波、温州等沿海地区时常遭遇台风暴雨危害，严重的造成橘园积水，对柑橘的生长发育造成不良影响，必须做好排涝工作。

一些柑橘产地如年降雨量少于1 200毫米，可通过人工方法补充土壤水分和空气湿度，以提高柑橘产量和质量，获取较好的经济效益。

根据现代无公害柑橘生产的要求，土壤灌水一定要按照柑橘无公害生产标准进行，橘园灌溉水必须符合“无公害柑橘产地环境”的规定，灌溉水中各项污染物含量不应超过GB5084–92中的要求，具体指标见表I–1。

表 I-1　农田灌溉水质标准

项　目		指　标(单位:mg/L)
生化需氧量(BOD_5)	≤	150
化学需氧量(COD_{Cr})	≤	300
悬浮物	≤	200
阴离子表面活性剂(LAS)	≤	8.0
凯氏氮	≤	30
总磷(以 P 计)	≤	10
水温℃	≤	35
pH		5.5～8.5
全盐量	≤	1 000(非盐碱土地区)2 000(盐碱土地区) 有条件的地区可适当放宽
氯化物		250
硫化物	≤	1.0
总汞	≤	0.001
总镉	≤	0.005
总砷	≤	0.1
铬(六价)	≤	0.1
总铅	≤	0.1
总铜	≤	1.0
总锌	≤	2.0
氟化物	≤	2.0(高氟区) 3.0(一般地区)
氰化物	≤	0.5
石油类	≤	10

续表

项 目		指 标(单位:mg/L)
挥发酚	≤	1.0
苯	≤	2.5
三氯乙醛	≤	0.5
丙烯醛	≤	0.5
硼	≤	1.0
粪大肠菌群数,个/L	≤	10 000

(四)大 气

大气对柑橘栽培影响总体来说不大，但冬季寒冷空气会对橘园造成冻害,须做好相关的抗冻防冻措施。

现代无公害柑橘生产的橘园大气环境质量应符合柑橘无公害生产标准,大气中污染物的含量必须符合“无公害柑橘产地环境”的规定,不应超过GB3095-1996中的有关要求,具体见表I-2。

表I-2 保护农作物的大气污染物浓度限值

序号	项目	日平均浓度限值	一小时平均浓度限值	单位
1	总悬浮颗粒物	0.30		mg/m^3(标准状态)
2	二氧化硫	0.15	0.50	
3	氮氧化物	0.10	0.15	
4	氟化物(F)	10.0(月平均)		$\mu g/(dm^2 \cdot d)$
5	铅		1.50(季平均)	$\mu g/m^3$

（五）土　壤

柑橘栽培的园地土壤条件必须考虑土壤酸碱度(pH)、土壤母质及元素含量的多少,土壤环境质量应符合无公害柑橘生产标准。

柑橘根系稀少,吸取肥水的能力较弱,因此,要求疏松、有机质丰富、弱酸性的土壤。适宜柑橘栽培的土壤类型较多,沙土、沙壤土、壤土和黏壤土都可栽培柑橘,但以物理性状良好的沙壤土和沙土最为适宜。这两类土壤土层深厚、排水通气良好、有机质含量丰富,生产的柑橘品质较佳。橘园的土层要深厚,土壤质地良好,活土层最好在60厘米以上,地下水位在1米以下。土壤的有机质含量要达到2%以上,有利于柑橘的生长发育,如土壤贫瘠,则应增施有机肥料,重视施用有机肥料的橘园,土壤不易老化。

柑橘最为适宜的土壤pH在5.5～6.5,含盐过高会影响橘树生长发育和果实品质。在强酸性红壤橘园,磷极易被铁、铝离子固定,硼则失去活性,镁、钼、钙等离子被淋溶,容易发生磷、硼、镁、钼等元素缺乏症。酸性土可用石灰调节pH,以提高肥料利用率。在碱性土壤中,铁、锰、锌、硼等离子失去活性,有效性较低,很难为根系吸收。柑橘对土壤碱性更为敏感,用枸头橙作砧木较抗碱。

优质橘园的土壤,要求沙砾、微砂、黏土等比例适中,排水性、通气性、保水力、保肥力等物理、化学及生物性状良好。

无公害柑橘生产标准的"无公害柑橘产地环境"中,要求产地土壤环境质量应符合GB/T15618-1995中的有关规定。见表I-3：

表I-3　土壤环境质量指标

项　目	指　标			单　位
土壤pH	<6.5	6.5~7.5	>7.5	
*镉　≤	0.3	0.3	0.6	mg/kg
汞　≤	0.3	0.5	1.0	mg/kg
砷　≤	40	30	25	mg/kg
铜　≤	150	200	200	mg/kg

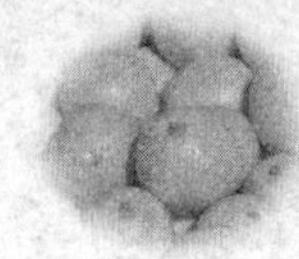

续表

项　目		指　标		单　位
*铅	≤	250	300	350	mg/kg
*铬	≤	150	200	250	mg/kg
锌	≤	200	250	300	mg/kg
镍	≤	40	50	60	mg/kg
六六六	≤	0.5			mg/kg
滴滴涕	≤	0.5			mg/kg

注:表中有"*"标记的为必检项目。

(六)地形地势

柑橘对地形地势的要求不很严格,无论山地、丘陵、平原、盆地和海涂等,都可种植,但海拔高度、坡度、坡向、外围地形等对气候有着很大的影响,从而影响到柑橘的优质生产。

随着海拔高度的提高,温差增大,雨量增加,日照增强。橘园最好选择地势较平缓的山腰或缓坡地,在浙江省一般选择在海拔400米以下,如气温、交通等条件较好的,海拔也可略高些。一般距山脚50～100米以上的山腰地段,不易沉积冷空气,冬季比较温暖,有利于柑橘越冬,最适合栽培柑橘。

浙江省地处柑橘栽培的北缘地区,冬季易发生冻害,坡向以选择东南坡或南坡为好,东、南坡向冬季温度较高,寒风小,光照好,柑橘不易冻害;西、北坡向则温度较低,西北面有高山屏障的也可适度发展。种植柑橘的坡度最好在25度以下的缓坡地,缓坡地土层相对比较深厚。坡度过陡,易造成水土流失。在山地、丘陵建园时,最好修筑水平梯地,以防止水土流失。平地与坡地之间,气温、光照及土壤水分状况都有差别。

三、栽培技术

（一）苗木选择

柑橘栽培以嫁接苗为主，在选择苗木时要注意几个问题：①苗木品种优良、品种纯正和适合当地栽培；苗木品种和砧木必须搭配合理；砧木要适合当地的土壤条件；一般浙江省山地、平地适用枳壳作砧，海涂地适用枸头橙、朱栾、本地早蜜橘作砧木等。②苗木健壮，叶片厚绿，嫁接口愈合良好，主干直径 0.8 厘米以上，高度在 40 厘米以上，有 3 个均匀分枝，根系发达。③尽可能选用无病毒良种苗木。

（二）建园与栽植

1. 建园

（1）园地选择。

①气候。选择年平均温度为 16～22℃，绝对最低温度≥-7℃，1 月平均温度≥4℃，≥10℃年有效积温在 5 000℃以上。

②土壤。土壤质地良好，疏松，肥沃，有机质含量在 1.0%以上，土层深厚、活土层在 60 厘米以上。

③地形地貌。山地、丘陵。选择背风向阳，海拔 100 米以下，坡度最好在 20 度以下，最大不应超过 25 度，地势为山坳谷地、或西北向有山屏障的丘陵坡地。平地、海涂建园。平地橘园主要为水田或溪滩地等改造种植，选择不受水淹、淡水资源丰富、含盐量 0.2%以下（以氯离子计）

的土地。

④土壤、空气与水质。土壤、空气与水质等环境质量条件应符合无公害柑橘生产的要求。

(2) 园地规划。

①小区设置。规模种植的橘园，应根据地形地貌特点，合理设置种植小区。一般丘陵坡地要求每 15～25 亩为一个小区，采用长方形小区；海涂平原每 20～30 亩为一小区，一般按东西长、南北狭设计。

②道路设置。果园的道路设置必须做到：小路通支路，支路接干路，干路连公路。山地果园主干道从山下环山而上或呈"之"字形上山，坡度不超过 5 度，以主干道为区界，小区内设支路；海涂、平地橘园的大路与交通干道连接，宽 5～6 米，支路 3～4 米，小路 1～2 米。主干道和大路两边开排水沟，用于保护路面和排灌。

③排灌设置。规模较大的海涂平地橘园，要设计排灌系统，设有总渠(河道)、支渠、围沟和畦沟。一般总渠宽度要求 10～12 米；支渠宽 1.5 米、深 1.2 米，连接总渠和围沟；围沟是小区周围与支渠相连的沟，与支渠差不多深、宽；每隔两行开一条畦沟，深 0.8 米、宽 0.5～0.8 米，与围沟相通；支渠与河道之间设控制闸和泵站，构成完整的排灌体系。山坡地橘园排灌系统由避水沟、排水沟、蓄水沟、蓄水池等组成。在上部挖避水沟，一般上宽 1～1.5 米，底宽 1 米，深 1 米左右；纵向排水沟要迂回而下，并设置多道水坑或拦水坝，以减缓水流速度和蓄水，一般深、宽在 0.5 米左右；梯田内修蓄水沟，也叫背沟；建若干蓄水池。有条件的可以铺设自动喷、滴灌系统。

④防护林设置。防护林分主林带和副林带，主林带与主要害风方向垂直或成 45 度以上，林带间距在 300～500 米，副林带与主林带垂直，构成林网。山地橘园主林带应规划在山顶、山脊及风口处，一般设 4～6 行，株行距 1 米×1.5 米，树种选用杉木、池杉等；副林带 1～2 行，株行距 0.5 米×0.5 米，树种可选法国冬青或女贞。海涂平地橘园的防护林带一般与堤坝、道路同行，主林带一般栽种 4～6 行，株行距为 1 米×1.5 米，树种可选木麻黄、水杉、樟树、池杉等；副林带设 2～4 行，株行距 0.5 米×0.5 米，树种可选法国冬青或女贞。

⑤其他设置。主要包括管理用房、库房、变压器、电网等设置。按照橘园实际,以方便管理为原则合理设置。

(3) 园地整理。山坡地栽培应修筑梯田,梯面宽度一般4～5米,不少于3米。园地整理一般分为清山平地、测量放样、修建道路和排灌系统、修筑梯田等;海涂地、水田柑橘园地下水位高,东南沿海常有台风或大风袭击,易造成水害、风害,种植宜采用筑墩栽培。园地整理一般分为平整土地、放线定点、道路和排灌渠修建、改土筑墩等。

2. 栽植

(1) 栽植时间和密度。以2～3月春梢萌芽前为宜;气候暖和的地方,也可在9～10月栽植;容器苗和带土移栽不受季节影响,但也以新梢停止生长后为最佳时机。种植密度按每亩栽植的永久树计算,一般为40株,株行距4米×4.5米。为提高前期产量和效益,可实行计划密植,即在行间或株间2～4倍加密种植,在橘树封行前及时挖除非永久树。具体密度应根据品种、砧木组合、土地条件和管理水平而定。

(2) 栽植方法。山地、丘陵要挖穴,一般长、宽各为80厘米,深50厘米左右,穴内分层摊放腐熟有机肥和泥土;栽植时先在上层土面施少量磷肥,以促发根,选优质种苗,短截新梢和过长的根、剪除部分叶片,将根系平铺在土面,扶正,边填土边轻轻向上提苗、踏实,种植深度以根颈部露出地面5～10厘米为宜,种植后要注意浇足水;平地、海涂要筑墩,栽种前用改良过的熟化表土,筑成基部直径不小于1.5米、墩面直径不小于1米、高0.5米以上的平墩,按山坡地栽植方法把树苗栽植于墩上。冬季寒冷的地方,栽植后的1～2年要做好防冻抗寒工作。

(3) 栽后管理。橘苗栽植后,还要落实以下几点措施:一要勤浇水。定植后半个月内,根据土壤干湿程度,每天或几天浇水一次,一个月后每周浇水一次;二要进行树盘草。在树盘覆盖一层杂草,达到保湿、保持土壤疏松等作用;三要立支杆防风。把竹竿或木柱在苗旁立牢,将苗木绑在立柱上;四要及时摘芯、除萌。新抽发的新梢留8～10叶摘芯,除去主干和抽生位置不好的萌芽;五是加强病虫害防治。注意防治红、黄蜘蛛、卷叶蛾、蚜虫、潜叶蛾、炭疽病和溃疡病等病虫害。

(三) 土、肥、水管理

1. 土壤管理

优质丰产橘园土壤其有效土层应不少 60 厘米，土壤熟化层厚度为 40 厘米，土壤理化性能要求保水保肥、透水透气良好，适宜的土壤 pH 为 5.5～6.5，新开橘园可通过土壤改良来调节 pH。土壤管理方法可采用深翻改土、中耕除草、免耕或半免耕、生草和种植绿肥及覆盖、培土等措施。

(1) 深翻改土。一般在采果后至春季柑橘发芽前，也可在帮梢停止生长后的 5～6 月，有灌溉条件的也可在 7～9 月进行；幼龄果园可采用深翻扩穴和全园深翻，成年果园采用隔行或隔株深翻；深翻时应结合施有机肥，以提高土壤肥力和通透性，有利于柑橘根系生长和养分吸收。红壤丘陵橘园还可以在深翻时施入石灰，提高土壤 pH。

(2) 中耕除草。一般在采果后或夏秋季进行，每年 3～4 次；深度为 15～20 厘米，愈靠近树干愈浅，以免伤及大根；中耕时可结合施肥。

(3) 免耕或半免耕。免耕，就是利用除草剂灭草，完全不中耕；半免耕，就是在橘树株间进行中耕，行间不中耕而生草或种植绿肥。

(4) 生草和种植绿肥。即在果园株行间种植牧草或绿肥。目前最适宜的草种为意大利多花黑麦草。常用的绿肥作物以豆科为主，适合山地橘园的有：大荚箭舌豌豆、乌豇豆、印度豇豆、苜蓿、苕子、花生等；适合海涂橘园的有：田菁、苜蓿、黄豆、绿豆、印尼绿豆、蚕豆、大荚箭舌豌豆等。春季绿肥在 4 月下旬至 5 月下旬深翻压绿，夏季绿肥在干旱时割绿覆盖，或春季与梅雨季节生草，出梅后及时刈割翻埋于土壤中或覆盖于树盘。

(5) 覆盖和培土。高温或干旱季节，树盘内用秸秆、杂草或绿肥等覆盖，厚度 15～20 厘米，覆盖物应与根颈保持 10 厘米左右的距离。培土一般在采果后至冬季低温来临前进行，可用塘泥、河泥或园地土壤等，培土厚度 10～30 厘米。

2. 柑橘施肥

施肥是为柑橘生长和结果提供营养。柑橘是多年生常绿果树，其一生经历幼年期、生长结果期、成年(盛果)期、老年期四个阶段；一年中又可分为芽期、花期、抽梢期、发根期、果实膨大期及果实成熟期等，不同树龄阶段和不同物候期的植株所需的肥料种类和数量并不相同。同时，施入土壤中的肥料利用率，随土壤种类、气候条件、肥料形态、施肥方法、橘园管理以及树体本身的吸肥特性不同，也有很大差异。因此，要根据柑橘的需肥要求，科学合理地进行施肥。

(1) 营养元素及功能。柑橘生长发育所需的营养元素有16种，除碳、氢、氧取自水和空气外，其余13种元素是氮、磷、钾、钙、镁、硫、硼、铁、锰、锌、铜、钼、氯。根据柑橘对这些元素需要量的多少，将氮、磷、钾称为大量元素或三要素，钙、镁、硫称为次要元素，后7种为微量元素。这些元素促进柑橘枝、叶、花、果实和根系生长，并调整它们的机能，某一元素过量或缺乏都会影响柑橘生长。生产实践和科学研究结果表明，影响柑橘生长和产量的最主要元素是氮，影响质量的主要元素是磷、钾。

(2) 肥料种类及特性。肥料种类繁多，一般可分为有机肥料、无机(化学)肥料、复合(混)肥料、微生物肥料四大类。

有机肥料含氮、磷、钾等大量元素和各种微量元素，养分全面，富含有机质，养分不易被土壤固定，肥效长但见效慢，长期使用可改变土壤物理和化学性质，提高土壤肥力。主要包括农家肥和商品有机肥。

无机肥料养分含量高，见效快，但养分单纯，肥效短，养分易被土壤固定或挥发、流失，长期使用易使土壤板结。主要包括氮肥、磷肥、钾肥、钙肥、硫肥和微量元素肥料。

复合(混)肥料可分为化学合成复合肥(磷酸铵、磷酸二氢钾等)、配合复合肥(包括缓效复合肥)和混成复合肥(包括有机—无机复合肥)。

微生物肥料根据其对改善植物营养元素供应的不同，可以分为根瘤菌肥料、固氮菌肥料、磷细菌肥料、硅酸盐细菌肥料和复合微生物肥料等5种。

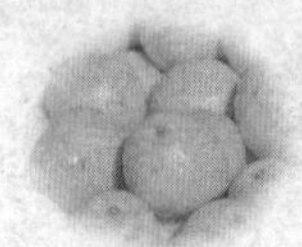

(3) 施肥的原则。在肥料使用上,必须采用有机与无机结合,迟效与速效结合,氮肥和磷、钾、微量元素肥料结合,深施与浅施、根外喷施结合的原则。以有机肥、迟效肥为主(占50%～70%),无机肥、速效肥为辅;有机肥、迟效肥以深施为主,无机肥、速效肥以浅施或根外喷施为主。为达到橘园科学合理施肥,要做到以下几点:

①看树施肥。根据柑橘不同品种、砧木特性、树龄、树势、结果状况和不同物候期,采取适当的方法施肥。

②看土施肥。沙质土壤保水保肥能力差,施肥时采取薄肥勤施、浅施,或根外追肥;黏质土壤可以适当重施、深施、深浅结合。

③看气候施肥。雨前、大雨不施肥,雨后初晴抢施肥;雨季干施,旱季液施;旱、涝灾后多用根外追肥;天气冷要早施,天气热要及时施。

④以缺补缺。找出影响施肥增产的主要因子,及时采取必要措施对症下药,达到事半功倍。

⑤与其他增产措施配合。合理的柑橘施肥必须与其他的措施相结合,才能取得较好效果。如与耕作、灌溉、修剪、病虫防治等措施相结合。同时必须围绕无公害生产标准的要求,按NY/T394《绿色食品肥料使用准则》中的规定选择肥料种类。

(4) 施肥时期和施肥量。施肥时期和施肥量的确定,受多种因子的影响,品种(品系)、树龄、树势、结果量、土壤肥力和气候条件不同,其施肥量不同;肥料种类不同,施肥量也有差异。柑橘施肥量的确定,目前在生产上多以现有研究成果,从柑橘优质果(高糖度果实)和无公害栽培考虑施肥量,适当增加了磷、钾施肥量。

①幼年树。幼树的施肥目的是满足幼树营养生长和扩大树冠的需要,施肥量应逐年增加,而且氮、磷、钾肥比例适当调整。从当年定植起到8月中旬止,应每月施一次稀薄人粪尿或尿素液;8月下旬至10月停止施肥,以免抽发晚秋梢而遭受冻害,11月可施一次有机肥为主的越冬肥;一般年平均株施纯氮100～400克,氮、磷、钾($N:P_2O_5:K_2O$)之比为1:(0.25～0.3):0.5为宜,随着树龄增大,施肥次数应逐年减少,施肥量逐渐增加。此外,还可在3～8月间(顶芽自剪至新梢转绿前)进行根外追肥。

②初结果树。指3～5年生的橘树,其特点是生长比较旺盛、花量

少、夏梢多、生理落果严重等。施肥上既要满足结果对营养的需求，又要满足扩大树冠对营养的要求。一般每年 12 月至翌年 1 月重施采果肥，以迟效肥为主；2 月春梢萌芽前施 1 次速效肥，促发春梢；夏末施重肥，以速效肥为主，促发秋梢；8～10 月可施 1～2 次速效肥，壮果壮梢。施肥的次数和施肥量应根据结果幼树的生长和结果情况做适当调整。一般初结果树年施肥量（千克 / 株）：尿素 0.2～0.4，人粪尿 20，绿肥 15～20，厩肥 20，过磷酸钙 0.15～0.3，硫酸钾 0.2。

③成年结果树。各柑橘产区的施肥时期基本相同，年施肥主要为芽前肥、壮果肥和采果肥，中间补充施肥 2～3 次。一般每产果 1 000 千克施纯氮 7～10 千克，氮、磷、钾（$N:P_2O_5:K_2O$）之比以 1:(0.6～0.8):(0.8～1.0)为宜；微量元素以缺补缺，作叶面喷施，按 0.1%～0.3%浓度施用。

芽前肥：主要为春梢抽生和开花结果提供养分。一般在春芽萌发前施入（约 2 月下旬至 3 月上旬），此时期施肥应视树势生长而定，如上年结果少，树势强健，可不施或少施，反之应及时施入，肥料种类以氮为主，配施钾、磷肥，施肥量约占全年 15%～25%。

壮果肥：一般在生理落果结束后、秋梢萌发前 10～15 天施，此时，正值果实迅速膨大、秋梢将要萌发，施肥有壮果逼梢的作用。对早熟温州蜜柑等品种以及结果多而树势衰弱的树，可适当提早到 6 月中、下旬施，肥料种类以钾为主，配合施用氮、磷肥，施肥量约占全年 30%～40%。

采果肥：施采果肥主要作用是恢复树势，提高树体抗寒力，减少落叶，促进花芽分化，为翌年春梢抽发和开花结果贮藏养分。一般早熟品种可在采后施，中熟品种可边采边施，晚熟品种可在采前一周施；肥料种类以有机肥为主，搭配少量氮和适量的磷肥；在冬季遇干旱时，施肥前应浇水或灌水；对结果过多的树，采后结合清园加 0.2%～0.3%尿素或稀土微肥等叶面肥喷 1～2 次，促进树势恢复，减少落叶。采果肥占全年总施肥量的 35%～45%。

(5) 施肥方法。施肥一般以地面施肥和根外追肥两种方法为主，地面施肥常用环状施肥、扩穴施肥、盘状施肥、放射状施肥、长沟形施肥、穴状施肥、地面撒肥和喷滴灌施肥等方式。幼树多采用环状施肥、扩穴施肥;成年树以穴状施肥、盘状施肥、地面撒肥和根外追肥为主。目前在生产中由于提倡省力化栽培加上劳动力紧张等因素，实际应用以地面撒施中的盘状施肥方法较为普遍。盘状施肥就是扒开树盘表土,将肥料施入后盖上表土。根外追肥,以叶面喷肥为主,也可采用枝干注射法。叶面喷施是将肥料用水稀释成一定浓度的溶液,直接喷在树冠上,使叶片直接吸收营养元素,可与病虫防治一起进行;枝干注射法常用于微量元素的补充。

3. 灌溉和排水

水分是柑橘生命活动中不可缺少的重要因子，在柑橘生产中起着十分重要的作用。水对柑橘枝梢生长、开花、结果、果实品质及花芽分化有着直接关系和影响,水分缺乏,则抽梢推迟,甚至不抽梢或抽生枝梢纤弱而短少,花质差,落蕾落花影响产量;果实成熟期水分过多,会引起果实糖度降低,温州蜜柑浮皮果增多,严重影响品质。

(1) 灌水。在柑橘春梢萌动及开花期、果实膨大期和采后如遇干旱应及时灌水。

①灌水时期。可以采用测定叶片的蒸腾量、土壤含水量和果径变化等来确定灌水与否。农村常根据叶片卷曲和土壤成团状况来确定灌水时期。就柑橘不同物候期来说,从春季萌芽期到果实成熟期前,都是需水阶段,如果半个月左右没下雨,就要考虑灌水;冬季过旱会加剧橘树冻害,也应及时补充水分。

②灌水方法。一般采用沟灌、浇灌,有条件的采用喷灌、滴灌。

沟灌:又叫浸灌,将水通过输水渠道引入围沟和畦沟,让水经沟底、沟壁渗入土中。一般在水源比较充足的条件下采用。

浇灌:采用人工挑水或动力引水灌水的方法。先在树冠以下地面开环状沟、穴沟或盘沟,将水灌入其中,让其渗入土中。一般在水源不足的山地或幼龄橘园、零星种植的地方采用。

(2) 排水。在梅雨、台风及多雨季节,平原、海涂低洼橘园应疏通沟渠及时排水,以防涝害;为生产高糖度的优质果,在 8 月下旬开始柑橘果实成熟期进行控水栽培,控水方法可采用地膜覆盖,高畦栽培,保护地(大棚)栽培等,将土壤作适度干燥处理,可使柑橘果实糖度提高1～1.5度。

(四)整形修剪

柑橘通过整形修剪,可使树体树冠紧凑,结构合理,层次分明,通风透光,枝梢充实,叶绿而厚,形成立体结果;调节树体营养生长和生殖生长的平衡,克服大小年结果现象。合理修剪还可节省工时,降低成本,提高工效,减少病虫害发生,有利于增强树体抗性;达到幼树早结丰产、成年橘树丰产、稳产,优质高效。

整形修剪方法主要有短截、疏删、回缩、抹芽、摘芯、拉枝、扭枝、揉枝、环割等。

短截:也叫短切,是指将枝梢剪去一部分的修剪方法。按剪去部分的多少可分为轻短截(剪去不足1/3)、中短截(剪去1/2)和重短截(剪去2/3以上)。

疏删:也叫疏枝,是指把一根梢或一个枝组甚至骨干枝从基部分枝处剪除的方法。

回缩:指先将一个二年生以上的大枝或枝组,从强壮分枝处剪去前端衰退部分,再对剪口的强壮枝梢进行中短截的修剪方法。

抹芽、摘芯:将刚萌出的芽抹去,叫抹芽;在生长季节对尚未停止生长的新梢摘除顶端一段,叫摘芯。

拉枝:用撑、拉、吊、缚等方式来改变枝条着生的姿势和角度的方法,统称拉枝。

扭枝和揉枝:将强旺新梢在老熟前从基部旋转扭伤,叫扭梢;将直立旺枝用双手握住,从基部到中部捋一捋,上下揉动使枝条响而不断,叫揉枝。

环割:用小刀在强旺枝的基部环状切割1～3圈,刚好割断皮层,深达木质部,但不割伤木质部的处理方法,叫环割。

1. 整形

柑橘树形主要有自然开心形、自然圆头形、变则主干形等三种，但目前生产上多以自然开心形树形为主，其树形一般主枝开心排列，树冠各部均有侧枝分布，内膛饱满，整个树冠凹凸面大，侧枝多，绿叶层厚，是优质丰产园的理想树形。柑橘树形由主干、主枝、副主枝、侧枝与枝组组成。以温州蜜柑为例，其整形方法如下：

(1) 主干。苗木定植后，选强壮枝梢留干高20～50厘米处剪顶，抹除砧木上的萌蘖和主干上过多的芽梢，对过长的梢在20～30厘米处摘芯。

(2) 主枝。在整形带内，主干离地约20厘米处，选留生长强壮，分布均匀，相互有8～15厘米间隔的新梢3～4个，短截先端1/3，并拉枝调整作为主枝培养，主枝分枝角度45度左右。第二年春季在主枝先端选育健壮延长枝，短截或疏去周围竞争枝，促使延长枝向前方斜向伸长。如果第一年主干上抽发的强壮新梢不足，只能培养1～2个主枝，可以将剪口枝扶直、短截；在第二年继续选取留第二、第三主枝，待3个主枝配齐后，剪去树冠中心主干，或将其拉向一边，作为结果枝组，即成三主枝开心形的基础。

(3) 副主枝。在各主枝上配置副主枝2～3个，第一副主枝距主干20～60厘米，副主枝间上下间隔约50厘米，方向相互错开。

(4) 侧枝与枝组。在主枝和副主枝上配置侧枝和枝组。侧枝在主枝上的位置应呈下大上小排列，相互错开。枝组在主枝或侧枝上的分布要均匀，彼此不影响光照。在主枝上抽生直立旺长的强枝或徒长枝，容易趋光向中心直立生长，形成新的中心主干，破坏树形，应及时剪除或用拉枝、扭枝等技术，控制其生长，待结果后删除。自然开心形树形主枝少，成形快，一般可在3年内完成。

2. 修剪

(1) 修剪时期。柑橘修剪因种植地的气候条件不同，修剪时间有所不同，一般在无冻害的柑橘产区，冬、春及生长季节均可修剪；有冻害的柑橘产区,宜在春季春梢萌芽前及生长季节进行。

(2) 修剪步骤。修剪前先观察全园和全树的生长情况和预计产量,并考虑品种和树龄大小,然后决定修剪的方式和修剪量;修剪时先锯除过多的或重叠的大枝,再处理枝组及枝梢;然后以主枝为单位,修剪从上至下,从内到外进行,剪后及时保护较大的剪口和锯口;如有遗漏,及时补剪。

(3) 具体修剪方法。

①幼树的修剪。以轻剪为主,重点对各级骨干枝的延长枝采用短截。包括:一是延长枝的处理。选骨干枝顶部强旺的夏、秋梢作为延长枝,并进行重短截,通过剪口芽的选留和短截程度的轻重调节延长枝的方位和生长势,及时疏除附近的徒长枝;二是春、夏梢摘芯。在春、夏梢基部8~10片叶已转色时,留8~10片叶及时摘芯;三是抹芽放梢。采取连续抹芽,等全树大多数末级梢段,尤其是树冠内膛和下部的枝梢,都有3~4条新梢萌发时,停止抹芽任其抽梢;四是疏花疏蕾,疏除所有晚秋梢。

②初结果树的修剪。修剪任务是使树冠继续扩大,完成整形,同时注意培养较多的结果枝组,争取早日进入盛果期。修剪仍以整形结合轻度修剪为主。随树龄和产量的增加,修剪要逐渐加重。

首先,继续短截骨干枝、延长枝,当延长枝与相邻植株交叉时,对主枝或副主枝的延长枝及时回缩,控制树冠的扩大;其次,抹除旺盛的春梢营养枝,对过长的春梢、夏梢进行摘芯,将夏梢反复多次抹除,适时放出秋梢,但秋梢不宜摘芯,让其结果后再作短截处理。对于抽生较多的夏秋梢,采用"三三制"处理,即1/3强梢短截,1/3弱梢疏删,1/3中庸枝保留;再次,回缩已结果的枝组。冬季修剪时对已结果枝组在较强的枝梢处进行回缩,并对剪口枝进行短截,以促发较强的春梢,继而抽生夏梢和秋梢,使枝组得以更新。如果结果枝组内没有强壮的营养枝作剪口枝,可用有叶果枝代替;第四,对一些健壮的一年生结果母枝,采果后应进行重短截,促使分枝并恢复生长势,对落花落果母枝,在生长季节(6月上旬至7月上旬)及时短截,促发晚夏梢或早秋梢,使其当年更新,次年结果;第五,做好辅养枝和披垂枝组的回缩处理。剪除离地面不到

30厘米的下垂枝，高于30厘米的辅养枝和下垂枝，在结果后进行回缩修剪。

③成年结果树的修剪。

春季修剪：在柑橘萌芽前进行。修剪前观察全树，按每株树配置3～4个主枝，每个主枝上配置2～3个副主枝为原则；对主枝过多或树冠郁闭、枝条密集、通风透光差、平面薄层结果甚至不结果的树，应锯除树冠内膛直立性的主枝级大枝1～2个，副主枝2～4个，开出"天窗"，如大枝和副主枝过多可分2～3年完成；对留下的其他枝或正常结果树，先剪除直立性枝或过密的交叉重叠枝，然后剪去病虫枝、衰弱枝，并视树体生长、结果情况结合回缩、短截、疏删等方法进行少量修剪。修剪后对大枝锯后的伤口要及时保护，用利刀削平，涂上伤口保护剂，防止积水霉烂，促进愈合。

生长期修剪：生长期修剪是指春梢抽生后至采果前的整个生长期间的各项修剪处理。此时期内柑橘生长旺盛，生理活动活跃，修剪后反应快，生长量多，对衰老树更新复壮、抽发新梢有良好效果。修剪时要根据树龄、树势和当年果实产量来决定修剪的方式和程度，要避开高温干旱期，修剪量一般较轻。

花期修剪：即在春梢抽生至开花期。目的是调节春梢和花蕾及幼果的数量比例。疏除树冠顶部所有春梢及中外围的过多春梢，防止春梢抽生过旺，减少落花落果。对花量较多的树疏剪成花母枝，减少过多的花朵和幼果数量。

夏季修剪：一般在5～6月份第二次生理落果前后进行。包括幼树抹芽放梢培育骨干枝，结果树抹除夏梢减少生理落果，对过长的春、夏梢留25～30厘米摘心，培育健壮枝；衰老更新枝于春梢抽生后重短截回缩，更新大枝；对直立大枝或徒长枝采用拉枝、扭枝、拿枝等处理促花。

秋梢修剪：指7月定果后的修剪。包括抹芽放秋梢，培育健壮的秋梢母枝；疏除密弱枝和位置不当的秋梢，并剪除部分生长不充实的夏梢和严重的落花落果枝、病虫枝、扰乱枝、交叉枝，培育优良的结果母枝，促进花芽分化。

④大、小年树的修剪。

大年树的修剪：大年树的修剪原则是减少花量和果量，促发预备枝，使开花结果和营养生长趋于平衡。可采用短截或回缩已结果枝组和衰退枝组，以剪口枝抽发预备枝，同时枝组也得以更新；疏删密弱枝、病虫枝，减少树体养分的消耗和浪费；夏、秋梢过多时，可短截 2/3 以上的夏、秋梢，二次梢可短截至春梢段，三次梢短截至夏梢段，以防止开花结果，使之抽生健壮的营养枝；通过疏花疏果调节树体适当的载果量；大年树的修剪可适当加重，因此，骨干枝的调整，对树冠开天窗，锯除多余的侧枝、副主枝甚至主枝等工作，也可在大年进行。

小年树的修剪：对小年树的修剪宜轻，要尽量保留夏、秋梢和强春梢营养枝，疏除密弱枝和病虫枝等，以集中养分满足开花和结果的需要；适当短截或回缩结果后枝组和夏、秋梢结果母枝，疏散落花落果枝群；花期、幼果期可用赤霉素和细胞激动素等保花保果，增加小年的产量，减少大、小年的变化幅度，从而达到生殖生长与营养生长的平衡。

⑤衰老树的修剪。衰老树的修剪以更新为主，对于不同程度的衰老树，可分别采取枝组更新、露骨更新或主枝更新。

枝组更新：树冠的多数枝组刚出现衰退时，采用重短截对这些枝组进行处理，使其抽生健壮的枝梢。进行枝组更新修剪时，首先对树体骨架枝或大枝进行调整，疏去过分拥挤或扰乱树形的骨干枝、病虫枝等，再重短截树冠外围所有衰退枝组，而内膛弱枝组则应尽量保留，只作轻度回缩。修剪 1～2 年后可使树冠得以全面更新，恢复产量。

露骨更新：从侧枝上进行短截，树体只留骨干枝的更新方法，叫露骨更新。一般在树势衰弱到几乎没有健壮枝组，或遇冻害大部分枝组被冻死，或叶片几乎落光的情况下进行。具体做法是：剪除交叉枝、重叠枝、病虫枝及不符合整形要求的骨干枝，在侧枝基部约 20 厘米处短截；对内膛枝组应保留，可作适当回缩，但剪口不应高于侧枝的剪口，以保证侧枝锯口附近萌发的新梢具有强旺的生长势，以作为延长枝扩大树冠；锯口以下部位的小枝、弱枝也要注意保留，使其在露骨更新后对树体起到辅养作用；修剪后对抽发的新梢要及时摘芯，冬季对部分枝梢进行短截。露骨更新后当年可抽发健壮新梢，第二年可恢复树势，并逐渐

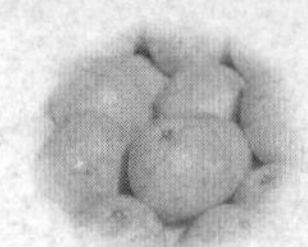

恢复产量。

主枝更新：在主枝适当部位进行锯割，抽生新梢以更换主枝的更新方法，叫主枝更新。一般在树势严重衰退，枯枝大量出现，叶小梢短，产量极低而果实小，内膛空秃，树冠叶片稀少，只有进行主枝更新，才能恢复树势的情况下采用。具体做法是：在春梢萌动时，从主枝树皮光滑、健壮的地方锯断主枝，削平伤口，及时涂接蜡保护；入夏前，用石灰水刷白主干，以防日灼；修剪后抽发的新梢要尽量保留并注意及时摘芯，冬剪时对所有枝梢进行短截，一般不作疏删。对强旺枝梢可采用拉枝、揉枝、扭梢等方式，促使分枝后演变为枝组，以尽早恢复产量。

(4) 主要品种的修剪要点。

①温州蜜柑。修剪时要特别注意及时回缩结果后枝组、落花落果枝组和衰退枝组，对披垂枝组应及时进行"抬头"回缩处理；短截夏、秋梢结果母枝和落花落果母枝，对较长的夏、秋梢及时摘芯；温州蜜柑容易发生大小年结果，可采取疏花疏果、抑制或促进花芽分化等措施，调节营养生长与生殖生长的矛盾，使二者保持相对平衡。在花期、幼果期有30℃以上的高温或有梅雨的地区，可在花蕾期抹除春梢营养枝，以减少新梢生长对养分的争夺，使坐果率大大提高。

②椪柑。注意控制树冠高度在 3 米左右；疏抹夏梢促进坐果，对较长的夏梢及时摘芯，统一促发秋梢；秋梢不宜短截修剪。多用拉枝等方法开张大枝角度，促使中、下部的芽萌发抽梢，使树冠紧凑饱满；回缩结果枝组，促进枝组更新；及时疏删密生大枝，用"掏心"的方式疏散枝群；载果量过多时要及时疏花疏果。

③脐橙。修剪应以减少花量，增强生长势，提高坐果率和产量为重点。疏删密弱枝，及时回缩结果后枝组、落花落果枝组或衰退枝组；结果较少时，短截所有夏、秋梢至基段，减少第二年的花量；结果较多时则要尽量保留夏、秋梢，但需疏除晚秋梢和病虫为害较严重的秋梢；在第一次生理落果前半月左右，可对强旺枝组或侧枝进行环割，及时抹除零星萌发的夏芽，适时放出秋梢。

④甜橙。修剪量要轻。修剪时保留中庸枝、内膛枝，多疏剪、短截外围衰退枝组，外围强枝采用扭枝、拿枝等办法缓和生长势，促进结果；对

先端过分下垂的枝条，适当回缩换头；对先端密集短弱的枝条，进行强度回缩。

⑤柚。修剪应以轻剪为主，特别注意保留内膛弱枝和无叶枝梢，及时疏删树冠中、上部直立旺枝或枝组，开天窗将光线引入内膛，保证内膛枝正常开花结果；促发较多的春梢营养枝，培育优良的结果母枝；结果后枝组应适度回缩。

（五）花果管理

1. 促花控花

(1) 促花。柑橘因受栽培管理技术、生态条件、砧木和接穗品种及上年产量因素等的影响，有时会出现成花不足，影响柑橘产量，必须采用栽培措施，促进柑橘成花。柑橘促花的主要方法有：控水，环割或环剥，扭枝、圈枝与摘芯，合理施肥，药剂促花等等。

①控水。低温和干旱是诱导柑橘花芽分化的主要条件。在柑橘生产上，由于温度难以控制，而水分则相对容易控制，常采用控水的办法来促进柑橘花芽分化。一般采用避雨、地膜覆盖及秋冬少雨季节不灌水等方法控制水分。控水时间的长短和控水程度要根据气温来确定，气温低，时间宜短；气温高则宜长，一般需 1～2 月。注意土壤太干不利于土壤保持热量，会加剧冻害，因此，冻害天气来临前宜适度灌水。

②环割或环剥。通过切断橘树皮层，阻止光合产物向根系流动，提高枝叶中的糖分积累，从而有效促进柑橘花芽分化，增加花量。主要用于生长旺盛的橘树，对幼龄树、生长弱的植株或枝组、病弱树不宜采用。环割或环剥易引起叶片不正常脱落，形成的花质量普遍差，畸形花比例高，无叶花多，常导致花而不实的现象。生产中需进行少量试验，掌握技术后再全面实施。

环割或环剥的时间一般掌握在柑橘花芽生理分化前至花芽生理分化开始后约一个月(9 月上旬至 10 中、下旬)进行。环割或环剥太早，温度偏高，易引起流胶等病害。环割或环剥时间太晚，促花效果也不明显，花质差，且伤口愈合慢，易造成落叶枯枝。

环割方法：用锋利刀具在植株的主枝、侧枝或枝组上环割1～2圈，圈距2～6厘米。深度以达木质部为宜，尽量不伤及木质部。也可采取半圈错位环割法，即在枝干上某一部位环割半圈后，再在距割口4～6厘米、枝干的另一侧再割半圈，最多可在枝干的两侧各割2～3半圈。为保险起见，一般每株要保留1～2个主枝或若干枝组不进行环割。

环剥方法：环剥是在枝干上环切两刀，将中间皮层剥离，露出木质部，可分为包膜环剥和普通环剥两种。包膜环剥是指将皮层剥离，不伤及露出的木质部表面，剥后将剥口用塑料薄膜包扎保湿；普通环剥是指剥后剥口不做任何处理。包膜环剥由于再生的皮层是从暴露的木质部表面的木射线细胞分裂分化而来，剥口愈合的速度主要取决于枝组的长势和环境温度，与剥口宽度关系不大。普通环剥由于皮层被剥离又不进行包扎，再生的皮层只能靠剥口两端形成层细胞的分裂分化而形成，剥口的愈合比包膜环剥慢且与环剥宽度密切相关。包膜环剥的宽度选择在0.3～0.5厘米。

环割或环剥作为促花的一项辅助措施，不宜连年使用，防止树势衰退。

③扭枝、圈枝与摘芯。扭枝、圈枝与摘芯多用于生长强盛的夏、秋梢徒长枝的促花措施。扭枝、圈枝或摘芯，是促进徒长枝花芽分化的有效措施。温州蜜柑、脐橙等品种的夏梢和早秋梢徒长枝通过扭枝、圈枝或摘心，次年可成串结果。

扭枝：徒长枝停止生长，叶片完全转绿后至柑橘花芽开始生理分化时都可进行。方法是把枝条基部扭转180度，使之下垂。扭枝要尽量靠近枝条基部，如在枝条中上部，易引发扭枝下方部位萌芽。

圈枝：将徒长枝向下拉弯成半圆形，与下方的枝条交叉，交叉部位用薄膜带或包装绳等绑缚，1～2月枝条木质部硬化后，枝条自然弯曲成型，此时可解去绑缚。对较长又较柔软的徒长枝，可直接弯成一圈，梢尖朝上，交叉处绑缚固定，定型后去掉绑缚。

摘芯：在新梢生长达20～25厘米时，将新梢顶芽摘除，阻止新梢进一步生长。摘芯促花一般只对生长势较旺的早秋梢有一定效果。徒长的春梢和夏梢摘芯后会萌发二次或三次，促花效果不太理想。

④合理施肥。施肥是影响柑橘花芽分化的重要因子。柑橘的花芽分化需要氮、磷、钾等营养元素。但是，过量的氮素又抑制花芽的形成。生产上采用适当控制氮肥，加施磷、钾肥来促进柑橘的花芽分化。采果肥对次年柑橘花的数量和质量都有明显的影响，也关系到来年春梢的数量和质量、树势的强弱；采果肥施用时期以 9～10 月份采前施为佳，可以及时补充树体营养有利花芽分化的顺利进行。通常，叶色浓绿或结果量多者要适当增加磷、钾肥比例，树体衰弱要增施氮肥；早熟品种和挂果少者可不施采前肥，晚熟品种、弱树和结果多的树最好采前、采后都施。

⑤药剂促花。柑橘花芽分化与体内激素水平有密切关系。在柑橘生理分化阶段，体内较高浓度的赤霉素对花芽的分化有明显的抑制作用，低浓度的赤霉素有利于花芽分化，脱落酸的作用与赤霉素相反。柑橘生产上的药剂促花措施主要通过抑制体内赤霉素的合成或破坏赤霉素结构来实现；利用人工合成的细胞分裂素类化合物在柑橘的形态分化期喷布也能促进花芽分化。

目前应用最为广泛的柑橘促花剂是 PP333，能有效抑制赤霉素的生物合成，降低体内赤霉素浓度，从而达到促进花芽分化的目的。PP333 在柑橘花芽开始生理分化 3 个月内使用，即 8 月中旬至 12 月，一般需要连续喷布 2～4 次，每次间隔 15～25 天，使用浓度 500～1000 毫克 / 千克。

（2）控花。柑橘花量过多，开花结果会消耗大量树体养分，而且使果型偏小，降低果品级别，并影响第二年的花量，为此，生产上有时也要采取措施控制花量。

一般来说，与促花措施相反的技术措施，都能够起到控花的作用，但生产上常采用修剪的方法来解决控花问题。

修剪控花是利用修剪来减少结果母枝数量，从而减少结果枝与营养枝的比例，控制树体的花量。方法是在冬季修剪时，对来年花量较多的橘树，采用疏删或短截的办法，处理一部分结果母枝，减少树体结果母枝的数量。一般在一个点上有 3 根以上枝条的，采用“3 疏 1、5 疏 2”

的原则,删除过密枝条;疏除所有极易成花的晚秋梢。

2. 保花保果

在柑橘幼果发育和枝梢伸长期,常常会出现梢果营养矛盾,在正常的气候条件和生长发育过程中,也有落蕾、落花、第一次生理落果(特征是带果柄脱落)、第二次生理落果(不带果柄脱落)及采前落果现象。如果花期遇到气温高于 30℃,幼果期超过 34℃,或持续数天日平均温度 25℃以上,会引起严重落花落果;夏、秋季出现高温和伏旱相伴的天气,也会引起落果、裂果、落叶,使当年的产量较大幅度下降。在柑橘的优质果栽培过程中,保花保果仍然是一项重要的栽培技术措施。主要方法有:

(1) 控梢保果。柑橘幼果发育期,在氮肥施用量大或雨水多的年份,春、夏梢往往会过于旺长,应控制枝梢生长,防止或减少梢果矛盾。对小年树往往春梢抽生较多,会加重落花落果,可疏去 1/3～3/5 的春梢营养枝,或在春梢展叶、长度 2～4 厘米时,留 4～6 片叶摘芯,并全部抹除在第二次生理落果结束前抽发的夏梢,或仅留基部两片新叶进行摘芯。

(2) 橘园覆盖。高温伏旱季节用秸秆、杂草等覆盖橘园可起到防旱保水、保土增肥、降低温度的作用,覆盖厚度一般在 10 厘米左右。

(3) 根外追肥或喷布植物生长调节剂。从花蕾期开始,隔 10～15 天,用 0.3%～0.5%尿素、0.3%磷酸二氢钾的混合液(视土壤缺素状况添加微量元素),也可用 2%草木灰和 1%过磷酸钙浸出液等叶面肥连喷 2～3 次,以满足果实发育所需养分,起到保花保果作用。红黄壤橘园容易缺硼,可在液肥中添加 0.1%～0.2%硼砂,滨海盐碱地橘园容易缺锌、锰,可添加 0.2%硫酸锌或 0.2%硫酸锰。对树势强、花量少的树,要严格控制抽梢前的氮肥用量,可以采用环状剥皮或选用在花谢 2/3 时树冠喷布 50 毫克 / 千克赤霉素进行保果。

3. 疏花疏果

正常生长结果的柑橘树通过自然生理落果后,留在树上的果实往往还偏多,超过正常坐果数的 2～3 倍,如任其自然,对结果量不加控制,挂果会过多,使得果形变小,品质下降,并会加重大小年结果,导致树体早衰。通过疏蕾、疏花、疏果,有利于克服大小年,达到丰产、稳产、优质的栽培目的,具有良好的经济效益。

(1) 疏花。为确保连年丰产、稳产,对大年树,在春季修剪时应疏去部分带花过密枝梢,提高坐果率。也可疏去(短剪)部分有叶结果枝。在盛花期、谢花末期分别进行两次摇花,摇去畸形花、花瓣及授粉受精不良的幼果,减少养分消耗。

(2) 人工疏果。疏果前,先对橘园作大致判断,从坐果多的橘树先疏。疏果分两次进行:第一次在第一次生理落果后、大小果实分明时,疏去小果、病虫果、畸形果、密弱果;第二次在定果后(7 月下旬至 8 月),按叶果比进行疏果。定果后适宜的叶果比:早熟温州蜜柑(25～30):1,中晚熟温州蜜柑(20～25):1,本地早蜜橘(70～80):1,椪柑(80～100):1,常山胡柚(60～65):1,脐橙(50～60):1,温岭高橙(40～50):1,柚(200～250):1,伊予柑(80～100):1,象山红(70～80):1。弱树叶果比适度加大。

(六) 高接换种

高接换种又称高位嫁接, 是指利用柑橘同品种或相近品种之间高亲和力的生理生长特点,在成年橘树上嫁接多个接穗,以尽快形成新树冠,又称多头高接,是加快柑橘品种结构调整,加速柑橘新品种推广的一项十分有效的品种改造技术手段。

1. 品种和中间砧的选择

一般柑橘同类不同品种间的嫁接亲和力较强,嫁接的成活率高,因此,选择高接换种的品种时,应尽量选择同类品种或嫁接亲和力强的品种进行高接, 如早熟或特早熟温州蜜柑选择普通温州蜜柑或本地早蜜橘为佳;脐橙也可作为温州蜜柑的中间砧,但温州蜜柑作脐橙中间砧则表现不佳,易早衰;文旦作温州蜜橘中间砧则生长缓慢;椪柑高接温州蜜柑表现都不佳。

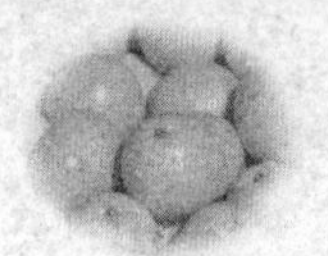

中间砧的树龄一般在40年以下为好,40年以上的树体容易发生日灼等,树体容易衰弱。

2. 高接时间

柑橘高接换种一般分春季和秋季两个时间段，春季在3～4月份，秋季在8月下旬至10月上旬。如果采取腹接法则2～11月均可进行。

3. 高接部位和接芽数

高接部位的高低对以后的生长结果有密切关系，一般成年树在距地面0.5～1.5米为宜,具体高接部位在枝条分枝点以上,相当于枝条直径的2倍处,为了加快树冠改造速度,可在同一枝条上每隔20厘米左右连续高接多个接芽。

接芽的数量视树冠的大小和枝条的分布而定。一般幼龄树或树冠矮小的,高接5～10个芽;成年树且树冠高大者,可分2～3层安排进行高接,接芽可达20～50个,甚至可达100多个接芽,使树冠尽快恢复。

4. 嫁接方法

春季宜用切接结合切腹接,秋季采用切腹接或芽接。

5. 高接后管理

(1) 补接。高接后,春季15天,夏秋季10天后,检查高接成活情况,发现未成活的芽要及时补接,以免出现空档。

(2) 剪砧。春季高接的可实施顶端芽切接,可省去剪中间砧的环节。秋季高接的在次年3月份进行剪中间砧,剪砧采用二次剪砧法,第一次在最前端接芽部位的前方20厘米处剪砧,以防止剪口干枯等原因影响接芽的生长,待剪口接芽新梢老熟后再剪去余砧,同时在剪口涂保护剂等,以防止病菌侵入和利于伤口愈合。

在剪砧的同时,不可一次性将其余枝梢全部剪去,应视树冠枝条的生长情况,在不影响新梢正常生长的情况下,保留一些小枝作为辅养枝(也称吊水枝)。辅养枝有利于树体内养分和水分的传送,有利于新芽的成活和正常生长。当接芽新梢老熟后再剪去辅养枝。

(3) 除萌。在接芽萌发期和新梢生长期间,对砧干上萌发的萌蘖要及时去除,促进接芽的健壮生长。对于树龄大的橘树,内膛和下部空虚部位抽发的砧萌可适当保留,便于进一步利用萌芽进行品种改造。

(4) 破膜露芽。秋季高接的在翌年春芽萌芽前进行破膜露芽,春季高接的在嫁接后 20 天左右芽萌动时露芽。破膜在芽萌动长至 1 厘米时,用剪刀剪破萌芽上端的膜带,使萌芽自由生长,但不可一次性去除包扎膜,以免新梢嫩芽干燥枯死,可在春梢老熟后用刀划破膜带,任其生长胀破包扎带,也可在秋季解膜。

(5) 防日灼。高接剪砧后,树冠外围和内膛空虚,夏秋烈日高温极易引起枝干日灼或晒裂,造成树体衰弱甚至死亡。可用涂白剂或石灰水进行树干涂白,或进行树干遮阴,或进行树干包扎,防止树干温度过高而引起开裂等。

(6) 枝梢管理。春梢生长后,在 20 厘米左右摘芯,促使其粗壮和分枝;夏梢选留分枝均匀的 3～5 个枝,在 20～25 厘米处摘芯;秋梢也在每个夏梢上留2～3 个分枝,在 20 厘米处摘芯。如果气候条件合适,管理技术到位,一年可留梢 4 次,很快形成树冠,恢复生产。

高接树新梢接口伤愈组织生长未完全,容易发生断裂等现象,要做好枝梢的绑缚,特别是有台风影响的地区,更要做好枝梢绑缚。

(7) 肥水管理。高接树的肥水管理应参考幼树管理,做到薄肥勤施,在每次新梢长梢前施薄肥,新梢生长成熟后进行根外追肥促进枝梢老熟。应多施有机肥,注意多种元素综合考虑,特别是高接树生长旺盛,枝梢抽发量较大,更要注意各种微量元素的补充,防止缺素症的发生。

(8) 病虫防治。注意疮痂病、炭疽病、溃疡病、潜叶蛾、蚜虫、介壳虫、凤蝶等的为害,及时做好防治工作。

(七) 设施栽培

设施栽培是通过改变柑橘生长的自然环境条件, 调节柑橘生产周期,特别是调节柑橘果品的上市供应时间,做到延长供应,周年上市,提

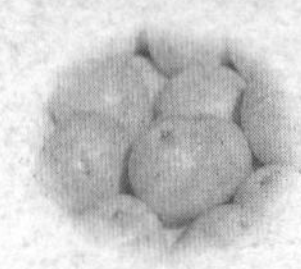

高柑橘生产的经济效益。柑橘的设施栽培一般主要有大棚延后栽培、避雨栽培、地膜覆盖栽培等。

1. 大棚延后栽培

(1) 品种选择。延后采收的目的是利用柑橘完熟采收技术,延长柑橘果实采收期,调节柑橘上市季节,使果实在翌年的春节前后上市,达到高效益。因此大棚设施栽培的品种一般选择丰产性好,树冠较矮化,不易产生浮皮的早熟品种,如早熟宫川温州蜜柑等;一些品质优良的晚熟品种, 在当地成熟期易受不良气候影响而不能使其品种特性得以充分发挥的,也可进行大棚设施栽培,以促进该品种充分成熟,达到优质的要求,如椪柑、胡柚、瓯柑、不知火等。

(2) 园地选择。实施大棚设施栽培的橘园应选择交通便利,地势平坦,保水保肥能力强,排灌条件较好的成年结果橘园,并且橘园内生产正常,栽培管理水平较高,树势良好,结果性能好,丰产、稳产。同时最好能配备加温和换气条件。山地坡度较大的橘园一般不宜进行大棚设施栽培。

(3) 大棚要求。大棚延后栽培柑橘以至少 1 000 平方米的连栋拱顶钢架大棚为好,两行为一栋,单栋宽 7～9 米。大棚南北走向,以利于寒风从栋间穿过。大棚的高度以橘树树冠顶部与大棚覆膜保持 1.5～2 米的空间为宜,空间距离过小,容易在棚外气温过高时造成顶端枝梢的热害。

为促进大棚内空气流通,棚架上可安装换气扇等设备,棚顶应安装天窗,并有可开闭的机械设备,便于当棚内温度过高时能及时进行降温换气。棚架上及四周先拉上防虫网,再覆盖大棚膜。

大棚也可用竹木建造,投资成本低,但牢固度不高,使用寿命短。

(4) 栽培管理要点。①覆膜时间。实施延后完熟采收的橘园,一般在 10～11 月覆膜,当气温降至 20℃以下时,应及时进行全面封闭覆膜。注意当午间气温高于 20℃时,要揭膜通风降温,夜间及时盖好。3～6 月多雨季节,可进行顶部覆膜避雨。

②施肥。柑橘大棚栽培易出现大小年或隔年结果现象,因此施肥量

视当年结果量而定，大年（结果年）以提高品质为主，多施磷、钾肥，小年（不结果年）以培养结果枝（组）为主，注意全面营养调节。一年可施采果肥和春肥两次，平时多进行叶面喷肥。

大棚栽培要多注意叶片的缺素症状的发生，及时进行矫治。

③修剪。采用大枝修剪。大年（结果年）以轻剪为主，多留果，只剪去病虫枝、过密枝、过弱枝等；小年（不结果年）多重剪，尤其是6～7月进行重修剪，通过短截促进夏秋梢的大量萌发，为次年结果提供大量的结果枝（组）。

④病虫害防治。柑橘实施大棚栽培后，因棚内温、湿度与自然露地栽培不同，因此发生的病虫害也有所不同，病害容易发生，虫害以细小的虫类为害较多。因此，要有针对性地开展病虫害防治。

⑤其他管理。7～10月，当气温过高，日照强烈时，用透光率60%左右的遮阳网进行覆盖，以达到降温和防日灼的目的。

果实成熟期，在温度条件许可的情况下，大棚膜进行日盖夜揭，以增加昼夜温差，促进营养的积累和转化，提高果实品质，并可促进花芽分化。

果实成熟后，如果出现干旱，可进行地面浇水，最好安装滴灌设施，切不可进行喷灌或树冠喷水，以免造成严重浮皮。

⑥采收。大棚设施栽培的柑橘早熟品种宜于1～2月份春节前采收上市，供应春节市场，以获得高的经济效益，此时也是柑橘品质的最佳时期。晚熟品种则视品种特性而定。但不可过度成熟采收，过度成熟后品质下降，风味变差，不但取不到好的经济效益，而且不利于树体的恢复与生长。

早熟温州蜜柑等品种通过大棚延后完熟采收的果实极不耐贮藏，采收后应及时上市销售。采收时应先采容易产生浮皮和品质相对低下的大果，然后采收品质好的中、小果。

设施完熟栽培采收的果实应分级包装，并实行品牌销售。

2. 避雨栽培

避雨栽培是一种近似于大棚设施栽培，但仅仅在一年中的部分季节,在大棚的顶部覆盖大棚膜等避雨设施,不作全面封闭式覆盖和延后采收的大棚设施栽培。

避雨栽培的目的是减轻阶段性不良气候条件对柑橘生长结果的影响,以达到降低病虫发生、提高品质、丰产稳产的要求。

避雨栽培的大棚覆膜时间根据气候变化情况而定，一般分为两个阶段进行。第一阶段在春季开花前至梅雨季节结束。此次避雨的作用是降低雨水对枝梢生长和开花的影响,以及异常天气对坐果的影响,并可减轻病害的发生,特别是疮痂病的发生。第二阶段在9月份台风期结束后至橘果采收完毕。此次避雨是为了提高橘果品质,减少后期雨水多对果实品质的影响,以及实施完熟采收的橘果浮皮的发生。

实施避雨栽培的橘园,在夏秋高温时期,可利用大棚架盖遮阳网,以降低树冠表面温度,减少日灼等的发生。

3. 地膜覆盖栽培

地膜覆盖是一种利用专用地膜覆盖橘园地表,控制土壤水分,提高肥料的利用率,减轻病虫害的发生,并通过地膜的反光作用,提高柑橘质量的现代田间管理措施,可提高柑橘园抵抗自然灾害的能力,特别是对干旱天气的抵抗力。

(1) 覆膜前的准备工作。覆膜前应根据季节情况对橘园进行施肥,以保证覆膜后树体生长正常；并且还应对橘园内进行一次全面的清理工作,清理容易对地膜造成破坏的石块、树枝等;对生草栽培的橘园应先行除草,以便于地膜能平整覆盖。

有条件的橘园在进行地膜覆盖前可在全园安装滴灌系统，有利于在发生干旱时能及时地进行膜下灌溉。

(2) 覆膜时间。地膜覆盖的时间依照目的不同而有所不同:

以防冻为目的的,在柑橘采收并施下采果肥后即可进行覆膜。

以促进丰产为目的的,可在春季芽前施肥后覆膜。

以抗旱防止裂果、提高品质为目的的,在春夏雨季过后即行覆膜。同时应注意容易干旱的橘园要在下透雨或浇透水后立即覆膜；保水能力强,不容易干旱的橘园,可在雨后地面稍干时再行覆膜。

（3）地膜的选择。地膜的种类很多，不同质地、不同颜色会产生不同的效果。

质地最好选择能透气，但不能透水的地膜。

无色透明地膜透光性好，利于地面增温，而且膜下土壤干燥快，同时地膜下还可生草；黑色地膜吸热增温快，能抑制地面生草；反光膜可使阳光反射，促进橘果品质的提高，促进果皮着色，特别是对内膛果的品质和着色有很好的促进作用。

地膜选择时还应注意膜的幅宽应与畦面宽度相适应。

（4）覆膜的方法。覆膜时可沿树干两侧畦面成条覆盖，两幅间相重叠，紧贴土面，重叠处要相粘连。地膜覆盖要全园铺满，四周用土压实。树干基部要注意包扎，防止雨水从树干处漏入土下。

（5）覆膜后管理。橘园覆盖地膜后一般不用灌溉，但如果长期干旱，没有膜下滴灌条件的，可进行树冠喷水抗旱，严重干旱时可进行揭膜灌水。

（八）灾害性天气防御

灾害性天气是指柑橘生产过程中，出现不利于柑橘正常生长甚至造成橘树异常的气候现象。常见的有冻害、台风和涝害、干旱等。

1．冻害

柑橘是常绿果树，对冬季低温较为敏感，当温度降至柑橘忍耐的限度以下时，就会发生冻害，轻则落叶枯梢，重则损失枝干，甚至整株死亡。自古以来，冻害问题一直是柑橘自然灾害中处于第一位的灾害。各柑橘产区，尤其是浙江省处于柑橘种植的北缘地区，经常出现冻害现象，对柑橘生产造成十分严重的影响。

（1）冻害发生的原因。通常柑橘冻害由平流降温（寒潮降温）、融雪降温及辐射降温引起。尤其是辐射降温对柑橘危害最大，特别是冻后转晴时，气温急降，昼夜温差大，冻害严重。

（2）冻害的症状。叶片在初受冻时卷曲，继而出现油渍状或黑褐色斑点，而后受冻叶片会枯萎脱落；枝梢呈焦黄或红褐色，严重的树皮开裂；果实受冻后果皮出现凹陷，形成斑点，果实内出现汁胞枯水，汁胞与囊壁分离，失去食用价值。

(3) 防冻措施。

①选用耐寒品种和选用耐寒砧木。品种选择在柑橘种植北缘地区尤其重要，注意耐寒品种的选择与选育，特别是经过大冻后有利于选育出耐寒品种。

砧木一般选用枳壳，抗寒能力强。

②注意园地的选择和建设防护林。柑橘建园时应尽量选择背风向阳的坡地，切忌在低洼地或山谷低地种植，平地种植选择北部有大山体为屏障的地块；注意小环境的利用，特别是大型水库、江河湖泊等大水体以及山区逆温层的利用。

在平原地带或开阔地带种植柑橘的，注意建园的同时，在橘园的北、西北、东北面营造防护林，防护林要建成透风林带，并形成网格化，利用防护林创造小环境气候，可有效地防止冻害的发生。

③加强管理，提高橘树的抗冻能力。培育健壮的树体是提高橘树抗冻能力的关键。对橘园进行深翻改土，使橘树根系发达；成年结果树采果后及时施采果肥，增加树体营养，促进树势恢复；生长旺盛的成年树和幼年树，做好秋梢管理，抑制晚秋梢的发生，有利提高越冬性；在肥料上多施磷、钾肥，加强病虫害的防治等也可以提高耐寒力。

(4) 防冻保温措施。

①冬季防旱。冬旱时及时进行灌水，利用水的潜热提高土温，减轻冻害的程度，同时保持土壤的水分，可增加橘园内空气湿度，减少地面热量辐射散失。

②树盘培土。秋冬季对树冠下进行培土，不但改良土壤，还可减少土壤水分散失，提高土温，特别是保护抗寒能力最弱的砧穗结合部和根颈部位。树盘培土的橘树在春季气候转暖后要及时扒开覆盖物，同时达到改土作用。

③树干涂白。树干涂白有缩小温差、保护树皮、防止开裂的作用，还可达到病虫害防治的效果。白涂剂常用生石灰 10 千克、硫磺粉 0.1 千

克、食盐 0.2 千克、兽油 0.1 千克、水 30 千克调制而成。用涂白剂在入冬前将树干和主枝基部均匀涂刷。

④主干包扎。用稻草或干草对橘树主干进行包扎,可以有效保护主干。

⑤树冠覆盖。强冷空气来临前,用稻草或干草覆盖在树冠上,可大大降低橘树的受冻情况。也可用遮阳网成片覆盖树冠,同样能起到防冻的作用。

⑥熏烟。熏烟在橘园内形成烟雾,可减少辐射散热,减轻霜冻发生。熏烟主要针对霜冻发生情况实施,而霜冻大多发生在凌晨,因此,根据天气预报,在冷空气来临时的凌晨,用杂草、枝叶、锯木屑等易产生烟雾的材料,每亩 2～3 堆点火生烟。

⑦摇落积雪。橘树为常绿果树,枝叶茂盛,冬季遇大雪易被积雪压断或压裂枝干。因此,大雪后要及时将树冠上的积雪摇落,注意不可打落枝叶。

(5) 冻后管理。

①中耕松土。解冻后及时进行松土,保持地温,减少温度的散失。

②适度修剪。橘树受冻后若发现受冻叶片枯焦而不落的,要及时剪除枯萎叶片,防止水分消耗、扩大受冻范围对树体的进一步损害。

轻度受冻的橘树,春季萌芽前进行轻修剪,促进新梢萌发;受冻较重,无法分清冻害部位与未受冻部位交界的,待春季回暖萌芽抽梢后,在能够分清受冻部位后进行回缩修剪;严重受冻的橘树要进行重剪更新甚至锯干,锯掉的大枝伤口涂保护剂,裸露的枝干进行涂白保护,新抽发的枝梢要有选择地进行新树冠的培养。

对受积雪造成枝条开裂的,及时绑缚,并立支架或用吊枝固定,伤口涂保护剂,或用牛粪黄泥浆保护,防止伤口腐烂。

③叶片喷肥。橘树受冻后,树体生长衰弱,在天气回暖后的晴天,可用 0.2%尿素加 0.2%磷酸二氢钾或高效复合营养液进行根外追肥。早春解冻后尽早施好、施足芽前肥,以利于树体恢复生长。

④清园。冻害发生后,橘园易暴发病虫害,特别是树脂病等病害的发生,要及时进行彻底清园工作,减轻病虫害的发生。

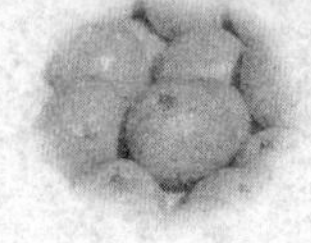

2. 台风和涝害

夏秋季节，东南沿海地区几乎每年都会有热带风暴或台风甚至超强台风的袭击，引起大风和暴雨，造成橘树伤害和涝害。

(1) 预防措施。

①建园时选择避风的园地，平地和海涂橘园要建立防风林带，减轻台风造成的伤害。海涂等易受涝橘园要筑高畦种植。

②管理过程中使树冠矮化、紧凑，提高树体自身的抗风能力。

③台风来临前加固树体和枝干，减少大风对树体摇动带来的损伤。

④完善橘园建设中的排灌设施建设，使积水能及时排出，尽量避免水淹涝害的发生。

(2) 灾后补救措施。

①开沟排水，清理橘园。橘园受到水淹的，应及时开沟疏渠，迅速排出园内积水，减少根系损害；对树冠受淹后有污物的，要清理树冠，并及时用水清洗树冠枝叶；对畦面有泥浆沉积的，要用淡水冲淋畦面。

②扶正树体，整理树冠。被台风刮倒或洪水冲倒的橘树，要尽快扶正树体，并立支架固定，做好培土护根；根部受损严重的，要疏去部分树梢和叶片，减少水分蒸发，防止橘树死亡。

③适度修剪。对受淹严重，淹水时间长的橘园，进行适度修剪，减少树体的消耗；对结果多的橘树，可疏去部分或全部果实。对受台风影响严重，有树枝刮裂、刮断的，及时将断裂的枝梢剪除，并在伤口涂保护剂。

④松土。橘园受水淹后易造成土壤板结，引起根系缺氧，在表土基本干燥时，及时松土，增加土壤通透性。

⑤根外追肥，补充营养。受灾后，橘树根系受损，吸收能力差，可选用 0.1%~0.2%的磷酸二氢钾加 0.2%的尿素或营养性叶面肥进行根外追肥，隔 5~7 天一次，连喷 2~3 次，以补充树体营养。

⑥病虫防治。台风涝害后易诱发各种病虫害，特别是病害的发生。受灾橘园要进行一次全面防治，重点防治炭疽病、黑点病、溃疡病等。药剂的选择应对口，病害的防治可选用代森锰锌、甲基托布津、多菌灵、百菌清等。同时对水淹后引起的落果及时清理，减少病源。

3. 干旱

柑橘遭受干旱时，会出现叶片萎蔫，果实失水，果实膨大期干旱影响果实发育；严重时出现落叶落果，进而影响树体生长发育，影响当年及下年的产量。

防旱措施：

①加强基础设施建设。建园时完善水利灌溉设施，有条件的可建立微喷(滴)灌系统。

②加强橘园管理。增施有机肥，改善土壤的物理性，提高土壤的保水性能；培养健康树冠，提高抗旱能力。

③树盘覆盖。采取树盘覆草或地膜覆盖，减少水分蒸发，保持土壤水分。

④及时灌水抗旱。可在早晚进行树冠喷水或地面浇水。

⑤使用保水剂。

(九)低产园改造

低产园是指因一种或多种原因造成柑橘产量低、效益低的橘园。造成低产园的原因一般有品种、管理、环境等因素，针对不同原因造成的低产园，采取不同的改造方式。

1. 品种改造

建园时因品种选择不当，或者种植了劣质品种而造成的低产园，可通过高接换种的方式进行改造(详见高接换种)。

对一些不宜进行高接换种来改造品种的，则应进行重新种植。在重新种植前，把原有劣种橘树全部彻底挖除，在原橘园进行深翻改土，并种植其他作物1～2年后，再种植柑橘，以免重茬造成新的低产园。

2. 间伐和大枝修剪

对建园时实行计划密植，而树冠封行后又没有进行间伐的低产园，往往树冠高大，绿叶层薄，形成表面结果。对这类橘园首先要进行间伐，其次还应进行压顶修剪，以降低种植密度和树冠高度，以改善橘园光照条件，提高绿叶层厚度，重新形成立体结果。间伐可采取隔行或隔株的方法，在1～2年内完成。

对间伐后保留的橘树，树冠内枝梢分布较均匀，并有向四周发展空间的，可进行拉枝处理，将直立枝梢拉平，促进树冠扩大，内膛萌梢，并通过加强新梢管理，使之形成立体结果树冠。对于过度密植的橘园可进行多次间伐，直至形成良好的园相。

对因管理失当，造成树冠高大，内膛空虚的橘树，则进行大枝修剪，改造树冠。大枝修剪可分两年完成，每年去除和回缩1/3～1/2的大枝，促进内膛新梢抽发，并加强枝梢管理，采取摘芯促分枝，尽快形成新的绿叶层。经过改造后，树冠一般控制在2.5～3米以下。

3. 土壤改造

一些低产橘园因土地条件差，管理过程中又不注意土壤改造，容易形成小老树，产量低、效益低。对这类橘园，可通过深翻改土，增施有机肥进行改造。

深翻改土一般可在5～6月干旱来临前和秋季进行；可分两年进行全园深翻改造。第一年在树冠的两侧深翻40～60厘米，深翻后施入经腐熟的栏肥、饼肥、堆肥、绿肥等回填。第二年在另两侧进行深翻改土。也可分四年进行一次全园改土，即每年改造树冠的一侧土壤。

4. 调整树体营养

对一些树冠结构正常，但树体营养失调的橘园，则加强营养的调整，特别是树体生长过旺，开花结果少的树，在加强枝梢管理的同时，注重磷、钾肥的施用，调节营养生长与结果之间的关系，促进生长平衡。

四、病虫害防治技术

病虫害防治遵循“预防为主,综合治理”的植保方针,从橘园生态系统出发,以保健栽培为基础,创造不利于病虫孳生而有利于天敌繁衍的环境条件,充分发挥作物对危害损失的自身补偿能力和自然天敌的控制作用,保持果园生态平衡;在预测预报的基础上,优先协调运用植物检疫、农业防治、物理防治和化学防治,在达到防治指标的同时合理组配农药,取得有效控制病虫危害、减少农药残留量、确保柑橘优质丰产的目的。

(一)柑橘害虫

1. 红蜘蛛

属蜘蛛纲蜱螨目叶螨科。又名橘全爪螨、瘤皮红蜘蛛。在我国各柑橘产区均有发生,除为害柑橘外,还可为害多种果树和木本植物。以口针刺破叶片、嫩枝和果实的表皮,吸取汁液,为害轻的在叶片表面产生许多灰白色小点,严重时整个叶片呈灰白色,并引起大量落叶,严重影响树势和产量。

(1) 形态特征。

成螨　雌成螨体长卵圆形,紫红色,背面有12对瘤状小突起,每一突起上长有1根白色刚毛,足4对;雄成螨鲜红色,体稍小。

卵　扁球形,鲜红色,有光泽,顶部有一垂直的长柄,柄端有10～12根向四周辐射的白色细丝,可附着于叶片上。

(2) 发生规律。红蜘蛛1年可发生15～20代,其发生代数与气温的关系密切,年平均温度在20℃左右时,1年可发生20代之多。田间影响红蜘蛛发生数量的因素有温度、食料、天敌和人为因素等。一般气温在12～26℃时有利于红蜘蛛的发生,20℃左右时最适。1年有2个发生高峰,分布于4～6月和9～10月。每头雌螨一生产卵30～70粒。有寄生性和捕食性天敌多种。食螨瓢虫、捕食螨、食螨蓟马、虫生藻菌、芽枝菌、病毒等对红蜘蛛有较好的控制作用。

(3) 防治方法。

①修剪及清园。冬季剪除潜叶蛾为害的叶片,一般在12月上旬前进行冬季清园,或在翌年2月下旬进行春季清园,可减少虫源基数。

②保护利用天敌。田间可种植藿香蓟、大豆、印度豇豆、豌豆、紫云英等,也可实行生草栽培。

③化学防治。避免滥用农药,实行指标化防治,选用高效、低毒、低残留且对天敌杀伤力小的化学农药。防治指标一般春季掌握在3～4头/叶,夏秋季5～7头/叶。药剂选用:越冬期和早春使用95%机油乳剂60～100倍液,或99.1%敌死虫乳油100～150倍液,或0.8～1波美度石硫合剂,或20%灭蚧50～80倍液,或融杀蚧螨80～100倍液,或松碱合剂10倍左右等喷雾。其他时期可选用24%螨危悬浮剂4 000～5 000倍液,或15%速螨酮(哒螨灵)乳油1 500～2 000倍液,或73%克螨特乳油2 000～3 000倍液,或50%托尔克可湿性粉剂2 000～3 000倍液,或5%尼索朗乳油2 000～3 000倍液,或10%浏阳霉素乳油1 000～1 500倍液,或99%绿颖机油乳剂150～200倍液,或20%螨死净悬浮剂1 500～2 000倍液,或1.8%虫螨杀星乳油2 000倍液,或50%苯丁锡可湿性粉剂(托尔克)1 500～2 500倍液,或10%～15%四螨嗪乳油1 500倍液和40%水胺·哒乳油1 500倍液等杀螨剂喷雾。应该抓住虫口发生初期喷药防治,选用杀卵力较强的杀螨剂,喷施药剂要轮换使用,施药要周到,不漏喷。

2. 锈壁虱

属蛛形纲蜱螨目瘿螨科。又名柑橘锈螨、柑橘锈瘿螨、锈蜘蛛,俗称铜病。我国各柑橘产区均有分布,只为害柑橘类植物,是柑橘的重要害虫之一。其成、若螨以刺吸式口器刺吸枝梢、叶片和果实,果实表面被害后呈黑色或栓皮色,严重影响果实品质,叶片被害后背面出现黑褐色网状纹,引起大量落叶。

(1) 形态特征。

成螨　雌成螨略扁平,前端大后端尖,侧面看似纺锤形,背面看似胡萝卜形,淡黄至黄色。体前部有足 2 对,腹部背面有背片 28 个,腹面有腹片 56 个,形似一条条的环纹。

卵　圆球形,半透明,有光泽,表面光滑,灰白色。

(2) 发生规律。以成螨在柑橘的叶芽、卷叶内或过冬果实的果梗处、萼片下越冬。1 年发生 18～24 代。越冬成螨在春季日平均温度上升到 15℃左右时(3 月份前后)开始取食为害和产卵等活动,以后逐渐向新梢迁移,聚集在叶背的主脉两侧为害。5～6 月份迁至果面上为害,7～10 月为发生盛期, 尤以气温 25～31℃时虫口增长迅速,11 月份气温降到 20℃以下时虫口减少,12 月份气温降到 10℃以下时停止发育, 并开始越冬。锈壁虱可借风、昆虫、苗木和农具传播,田间的发生分布极不均匀,有“中心虫株”的现象。田间虫口以叶背、果实下方和背阳面居多。夏季干旱有利于繁殖,台风、暴雨对该螨有显著的冲刷作用。使用波尔多液等含铜、锌、锰、硫的杀菌剂防治柑橘病害时,也会杀死锈壁虱的重要天敌多毛菌,而导致其大发生。铜制剂对锈壁虱的发生有诱发作用。

(3) 防治方法。

①利用多毛菌进行生物防治。

②化学防治。用放大镜检查,一般每叶(或果)平均不超 5～10 头时进行防治。药剂可选用 25%三唑锡可湿性粉剂 1 500～2 000 倍液,或 20%螨死净悬浮剂 3 000 倍液, 或 73%克螨特乳油 2 000～2 500 倍液,或15%速螨酮(哒螨灵)乳油 1 500～2 000 倍液,或 50%托尔克可湿性粉剂2 000～3 000 倍液,或 99.1%敌死虫乳油 200 倍液(果实开始转色后慎用),或 80%大生 M-45 可湿性粉剂 600～800 倍液,或 10%浏阳霉素乳油 1 000～1 500 倍液等喷雾。尽量避免使用铜制剂。

3. 红蜡蚧

属同翅目蜡蚧科。又名红蜡虫、红蜡介壳虫、胭脂虫、红蚰。在我国各柑橘产区均有分布,局部地区为害严重。其寄主以芸香科植物为主,有柑橘、杨梅、枇杷、苹果、梨等 60 多种。多聚集在枝梢上吸取汁液,叶片及果实上也有寄生,导致枝梢枯死,诱发煤烟病,影响果实产量和品质。

(1) 形态特征。

成螨　雌成虫椭圆形,背面有较厚的蜡壳覆盖。蜡壳暗红色,呈半球形隆起。顶部凹陷,形似脐状,有 4 条白色蜡带,从腹面卷向背面。雌成虫体紫红色,半球形,足 3 对。雄成虫体暗红色,翅 1 对,白色,半透明,翅展宽约 2.4 毫米。

卵　椭圆形,淡红色。

(2) 发生规律。红蜡蚧 1 年发生 1 代,以受精雌成虫越冬。通常在 5 月中旬开始产卵,5 月下旬至 6 月上旬为产卵盛期,卵期 1～2 天。初孵若虫爬行约半小时后陆续在枝梢和叶片上固定,固定后 2～3 天开始分泌白色蜡质。雌若虫蜕皮 3 次,1 龄若虫期约有 20～25 天,其发生盛期一般在 5 月下旬至 6 月中旬前后。9 月上旬成熟交尾后越冬。已发现的天敌有多种寄生蜂。

(3) 防治方法。

①农业防治。冬、夏季修剪时,剪除虫枝,集中烧毁,更新树冠,加强橘园肥水管理,恢复树势。

②保护利用天敌资源。

③化学防治。6 月中、下旬幼蚧大发生时是防治适期,可每隔 10～15 天防治 1 次,连续防治 2～3 次。药剂可选用 40%速扑杀(杀扑磷)乳油 1 500 倍液加 95%机油乳剂(或 99.1%敌死虫乳油)250 倍液,或 95%机油乳剂(或 99.1%敌死虫乳油)单剂 120～180 倍液 1 次,发生严重的园块隔 15～20 天左右再交替喷药 1 次;其他药剂可选用 25%喹硫磷乳油 1 000 倍液,或 50%乙酰甲胺磷乳油 800 倍液加 25%噻嗪酮(扑虱灵)可湿性粉剂 1 000 倍液,或 40.7%毒死蜱(乐斯本)乳油 1 500 倍液等喷雾。

4. 黄圆蚧

属同翅目盾蚧科。又名黄肾圆盾蚧、黄圆蹄盾蚧、橙黄圆蚧。在我国各柑橘产区均有分布，在部分橘区是柑橘的主要害虫。寄主植物有柑橘、梨、葡萄、苹果等。以若虫和雌成虫吸食枝、叶和果实的汁液，影响树势、产量和品质。

(1) 形态特征。

成虫　雌成虫介壳圆形或近圆形，淡黄色，半透明，周围有白色或灰白色呈波浪式的壳膜。壳点褐色，较扁平，位于介壳中央。雌成虫与红圆蚧相似。雄成虫介壳呈椭圆形，壳点偏于一端，色泽和质地同雌介壳。

卵　淡黄色，近椭圆形。

若虫　1龄若虫黄白色，透明，椭圆形；2龄若虫淡黄色，圆形，触角和足均退化。

(2) 发生规律。以若虫或雌成虫越冬。在浙江黄岩地区1年发生3～4代，世代重叠明显，各代幼蚧的发生高峰期分别出现在6月中旬、8月、10月上、中旬和11月中旬至12月上旬。第1代若虫主要在叶片上为害，第2代开始上果实为害，第3、4代时果实上虫口数量大增。通常比第2代的发生量大。

(3) 防治方法。

①合理修剪，剪除虫枝。

②选择性使用农药，注意利用和保护天敌。

③化学防治。防治指标为：5～6月，10%的叶片（或果实）有虫；7～9月，10%的果实发现有若虫2头/果。局部为害的应采用挑治。药剂可选用95%机油乳剂（或99.1%敌死虫乳油）100～150倍液，或松脂合剂18～20倍液（冬季可用8～10倍液），或40%速扑杀（杀扑磷）乳油1 500倍液加95%机油乳剂（或99.1%敌死虫乳油）250倍液，或25%喹硫磷乳油1 000倍液，或50%乙酰甲胺磷乳油800倍液加25%噻嗪酮（扑虱灵）可湿性粉剂1 000倍液，或40.7%毒死蜱（乐斯本）乳油1 500倍液等，喷雾防治。

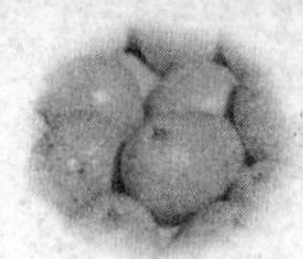

5. 长白蚧

属同翅目盾蚧科。又称日本长白蚧、茶虱子、白橘虱，分布于我国浙江、江苏、湖南、湖北、福建、广东、广西和台湾等省、自治区。寄主植物除柑橘外，还有苹果、梨、樱桃、葡萄、茶、无花果等多种植物。主要为害植株的枝干，也可为害叶片及果实等。在局部地区为害非常严重，导致枝枯、叶落，甚至整株枯死。

(1) 形态特征。

成虫　雌成虫介壳灰白色，长纺锤形，腹部有明显的 8 节。雄成虫淡紫色，有翅 1 对，翅展宽 1.3～1.6 毫米。触角丝状，共 9 节。翅白色，半透明，足 3 对，腹部末端有针状尾器。

卵　椭圆形，淡紫色。

若虫　初孵时，椭圆形，淡紫色，腹部末端有尾毛 2 根。

蛹　末端交尾器呈针状。

(2) 发生规律。在浙江、湖南、江苏等省 1 年发生 3 代，主要以老熟若虫及前蛹在枝干上越冬。次年 3 月中旬成虫羽化，在浙江 4 月上、中旬为羽化盛期，4 月下旬为产卵盛期，5 月上旬第 1 代若虫孵化，5 月下旬为孵化盛期；7 月下旬为第 2 代若虫孵化盛期；9 月中旬至 10 月上旬为第 3 代若虫孵化盛期，世代重叠现象明显。一般小树比大树受害重，高温低湿不利于生存与发育，最适温度为 20～25℃，最适相对湿度为 80%～95%。已发现的天敌有几种寄生蜂和捕食性天敌红点唇瓢虫。在自然情况下，长白蚧寄生率可达 13%左右。红点唇瓢虫捕食量较大，在自然条件下能消灭长白蚧为害。

(3) 防治方法。

①苗木检疫。在新区发展柑橘时，应栽种无危险性病虫的苗木。已经定植的苗木，一旦发现长白蚧为害，应在第 1、2 代若虫孵化时连续喷药，彻底消灭虫源。

②保护天敌。保护和利用寄生蜂和捕食瓢虫等天敌。

③化学防治。按防治适期和防治指标进行实施，狠抓 1 代压基数。春季萌芽前(约 2 月中旬至 3 月上旬)防治指标为 5%枝或干发现有若

虫;第1代若虫盛发期(约5月中、下旬),第2代若虫盛发期(约7月中旬至8月上旬),第3代若虫盛发期(约9月上旬至10月上旬)防治指标为8%枝条发现有若虫为害。具体药剂参照黄圆蚧的防治药剂。

6. 吹绵蚧

属同翅目硕蚧科。又名绵团蚧、绵籽蚧、白蚰等。在我国各柑橘产区均有分布,曾在许多柑橘园中为害成灾。寄主有柑橘、苹果、梨等50余科250多种植物。若虫和雌成虫群集于寄主的枝干、叶片和果实上为害,吸取植株汁液,导致落叶落果及枝条枯死。

(1) 形态特征。

成虫　雌成虫体橘红色,椭圆形,背面隆起,有很多黑色短毛,背面有白色棉状蜡质分泌物。有黑褐色的触角1对,发达的足3对。雄成虫似小蚊,翅展约8毫米。胸部黑色,腹部橘红色,前翅狭长,灰褐色,后翅褪化为匙形。

卵　长椭圆形,初产时橙黄色,后变橘红色。

若虫　1龄时椭圆形,体红色,眼、触角和足黑色,腹部末端有3对长毛。

蛹　橘红色,眼褐色,触角、翅和足均为淡褐色,腹末凹陷成叉。

茧　由白色疏松的蜡丝组成,长椭圆形。

(2) 发生规律。在华南橘区、四川和云南南部1年发生3～4代,长江流域1年发生2～3代。以成虫、卵和各龄若虫在主干和枝叶上越冬,1年发生2～3代的地区主要以若虫和未带卵囊的雌成虫越冬,世代重叠明显。第1代的卵在3月上旬开始产生,5月为产卵盛期。若虫于5月上旬至6月下旬发生。成虫于6月中旬至10月上旬发生,7月中旬为盛期,产卵期平均为31.4天。第2代卵于7月上旬至8月中旬产生,8月上旬为产卵盛期。若虫于7月中旬至11月下旬发生,8～9月为发生盛期。成虫于10月中旬至翌年7月发生,翌年2～3月为发生盛期。1、2龄若虫多寄生在叶背主脉附近,2龄后迁移分散至枝叶、树干及果梗处。每蜕1次皮,就换一个地方为害。喜群集。雄虫数量少,雌性多行孤雌生殖。雄虫羽化后开始交配,飞翔力弱,寿命短。气温25～26℃和湿度较高时适

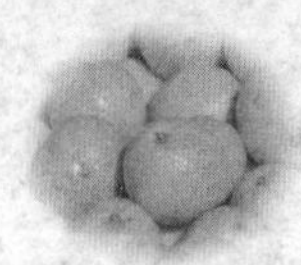

宜产卵。吹绵蚧适应性强，抗酸碱、抗水和耐高温，饥饿半个月以上也能成活。

(3) 防治方法。

①加强检疫。在新区发展柑橘时，应栽种无危险性病虫的苗木。已经定植的苗木，一旦发现害虫，应在第1、2代若虫孵化时连续喷药，彻底消灭虫源。

②化学防治。防治适期：春梢萌芽前（约2月中旬至3月上旬），第1代若虫盛发期（5月中旬至6月中旬），第2代若虫盛发期（8月中旬至9月上旬），第3代若虫盛发期（约10月上旬至11月上旬）。当5%枝条或叶片发现有若虫时需进行防治。具体药剂参照黄圆蚧的防治药剂。

7. 花蕾蛆

属双翅目瘿蚊科。又名柑橘蕾瘿蚊。该虫分布很广泛。是柑橘花期的主要害虫，以成虫在花蕾直径2～3毫米时，将卵从其顶端产于花蕾中，幼虫为害花器，受害花蕾缩短膨大，花瓣上多有绿点，不能开放、授粉，被害率可达50%以上，对产量有很大影响，同时果实品质变劣。

(1) 形态特征。

成虫　雄虫体型比雌虫略小，体形似小蚊，灰黄色或黄褐色，周身密被黑褐色柔软细毛，头偏圆，复眼黑色。前翅膜质透明，在强光下有金属闪光，翅相简单。触角14节，雌虫为念珠状，各节两端轮生刚毛；雄虫为哑铃形，球部具放射状刚毛和环状毛各1圈。翅椭圆形，翅脉简单，翅面密生黑褐色绒毛。腹部可见8节，节间都有1圈黑褐色粗毛。

卵　长椭圆形，无色透明，卵外有一层胶质，具端丝。

幼虫　老熟幼虫长纺锤形，橙黄色或乳白色。中胸腹面的“Y”形剑骨片前岔深凹，褐色；第3龄幼虫腹端具两个骨质的圆突起，外围有3个小刺。前胸和腹部第1至第8节共有气门9对，后气门很发达。

蛹　纺锤形，体表有一层胶质透明的蛹壳，初为乳白色，渐变为黄褐色，近羽化时复眼和翅芽变为黑褐色。触角向后伸到腹部第2节，3对足伸至第7腹节末端；腹部各节背面前缘有数列毛状物。

(2) 发生规律。每年发生1代，以幼虫在土中越冬。柑橘现蕾时成虫羽化出土,先在地面爬行至适当位置后,白天潜伏于地面,夜间活动和产卵。花蕾直径2～3毫米,顶端松软的,最适于产卵,卵产在子房周围。幼虫为害花器使花瓣变厚,花丝、花药成褐色,并产生大量黏液以增强其对干燥环境适应力。幼虫在花蕾中生活约10天即爬出花蕾,弹入土中越夏越冬。在柑橘花蕾蛆的年生活史中,大多数个体的3龄幼虫和蛹在土中生活约11个月半,其余虫态在地面上生活仅约半个月,而少数脱蕾较早的幼虫入土后不久即行化蛹,到4月底又进入第2个成虫羽化盛期,飞到开花较迟的柑橘树上繁殖第2代。幼虫抗水能力强,可在水中存活20天以上,可随流水传播。柑橘花蕾蛆的发生和为害程度与环境关系密切:阴雨天气有利成虫出土和幼虫入土,阴湿低洼果园,阴面果园和荫蔽果园,沙土均会引发。

(3) 防治方法。

①地面喷药。在成虫出土前(即现蕾初期)或幼虫入土初期(即谢花初期)选用以下的一种农药,每公顷用量为:10%二嗪农颗粒剂16.5千克、50%辛硫磷乳油0.225～0.3千克,与375千克细土混匀后撒施地面,可防止当年花蕾受害和减少来年虫口数量。

②树冠喷药。在柑橘现蕾期,成虫出土后,立即抓紧树冠喷药,可用90%晶体敌百虫800～1 000倍液,或10%氯氰菊酯乳油3 000倍液,或50%辛硫磷乳油1 000～2 000倍液,每隔5～7天喷1次,连续喷2次。

③摘除被害花蕾。在花期及时摘除被害花蕾,集中处理杀死幼虫。

④翻土。结合冬季耕翻或春季浅耕园土,可压低次年虫口基数。

8. 嘴壶夜蛾

属鳞翅目夜蛾科。嘴壶夜蛾是为害柑橘的吸果夜蛾的优势种,分布最广,为害最重。除为害柑橘果实外,还可为害杨梅、桃、葡萄、苹果、枇杷等多种果实。成虫以锐利、有倒刺的坚硬口器刺入果皮,吸食果肉汁液,果面留有针头大的小孔,果肉失水呈海绵状,被害部变色凹陷,以后腐烂脱落。幼虫为害汉防己、木防己、通草、十大功劳等。

(1) 形态特征。

成虫　头部和足淡红褐色,腹部背面灰白色,其余多为褐色。口器

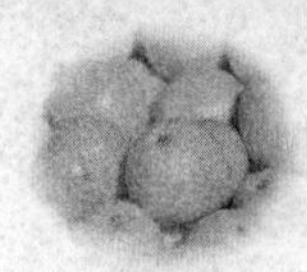

深褐色，角质化，先端尖锐，有倒刺10余根。雌蛾触角丝状，前翅茶褐色，有"N"形花纹，后缘呈缺刻状。雄蛾触角栉齿状，前翅色泽较浅。

卵　呈扁球形。初产时黄白色，1天后出现暗红色花纹，卵壳表面有较密的纵向条纹。

幼虫　共6龄，老熟时全体黑色，各体节有一大黄斑和数目不等的小黄斑组成亚背线，另有不连续的小黄斑及黄点组成的气门上线。

蛹　为红褐色。

(2) 发生规律。在浙江黄岩地区1年发生4代，以蛹和老熟幼虫越冬。田间发生很不整齐，幼虫全年可见，但以9～10月发生量较多。成虫略具假死性，对光和芳香味有趋性。白天分散在杂草、作物、篱笆、树干等处潜伏，夜间进行取食和产卵等活动。幼虫的寄主有木防己和汉防己，幼虫老熟后在枝叶间吐丝黏合叶片化蛹。成虫为害果实的时期主要受果实成熟度和温度的影响，有一定成熟度的果实才会受害。卵的天敌有澳洲寄生蜂，幼虫的天敌有小茧蜂、姬蜂等，成虫的天敌有螳螂和蚰蜒等。

(3) 防治方法。

①合理规划果园。山区、半山区地区发展柑橘时应成片大面积种植，并尽量避免混栽不同成熟期的品种或多种果树。

②铲除幼虫寄主。在5～6月份铲除柑橘园内及周围1千米范围内的木防己和汉防己。

③灯光诱杀。可安装黑光灯、高压汞灯或频振式杀虫灯。在橘园高挂(高出树冠顶端0.5～1米)频振式杀虫灯，诱杀吸果夜蛾成虫。也可以用黑光灯、紫外线灯或普通200瓦的灯泡诱杀，在灯下放水盆，加几滴柴油或煤油，及时打捞死虫并换水。

④拒避或毒杀。每树用5～10张吸水纸，每张滴香蕉油1毫升，傍晚时挂于树冠周围；或用塑料薄膜包住萘丸，上刺小孔数个，每株树挂4～5粒。毒饵诱杀：用瓜果片浸5%锐劲特悬浮剂1 200倍液，或2.5%敌杀死乳油6 000倍液，或50%辛硫磷乳油3分钟制成毒饵，挂在树冠上诱杀吸果夜蛾成虫。

⑤果实套袋。早熟薄皮品种在8月中旬至9月上旬用纸袋包果，包

果前应做好锈壁虱的防治。

⑥生物防治。在7月份前后大量繁殖赤眼蜂,在柑橘园周围释放,寄生吸果夜蛾卵粒。

⑦化学防治。开始为害时喷洒5.7%百树得乳油或2.5%功夫乳油2 000～3 000倍液。此外,用香蕉或橘果浸药(90%晶体敌百虫20倍液)诱杀或夜间人工捕杀成虫也有一定效果。5%锐劲特悬浮剂1 500倍液或2.5%敌杀死乳油8 000倍液是高效低毒的药剂，其作用表现为驱避性与拒食性,喷药后吸果夜蛾成虫很少飞入橘园,也不在树上停留,不吸食为害果实,喷药1次能维持20～35天。喷射树冠,每隔15～20天喷药1次。采果前20天停喷。

9. 潜叶蛾

属鳞翅目橘潜蛾科。又叫画图虫、潜叶虫、鬼画符。在我国各柑橘产区均有发生。寄主植物仅限于柑橘类。以幼虫蛀入嫩叶表皮为害,形成弯曲的虫道,导致叶片卷曲、硬化、脱落,偶尔也可发现蛀入嫩茎和果实表皮,是为害柑橘夏、秋梢的重要害虫。其为害后所造成的伤口有利于溃疡病病菌的侵入，为害造成的卷叶常成为螨类等害虫的越冬和聚居场所。

(1) 形态特征。

成虫　翅展宽4～4.2毫米,全体银白色。前翅尖叶形,基部有2条黑褐色纵纹,长度约为翅长的一半,翅中部有一"Y"形黑纹,后翅针叶形,前后翅均有较长缘毛。

卵　椭圆形,无色透明。

幼虫　体黄绿色,胸、腹部共13节,每节背面有4个凹孔整齐排列在背中线两侧,足退化,腹末有1对较长的尾状物。

蛹　纺锤形,初呈淡黄色,后变为深褐色,外被一薄层黄褐色茧壳。

(2) 发生规律。在华南橘区1年发生15～16代,以蛹及少数老熟幼虫在叶片边缘卷曲处越冬。在浙江黄岩地区每年发生9～10代,尚未发现越冬现象。成虫产卵于嫩叶背面的主脉两侧,幼虫孵化后潜入叶片表皮下蛀食叶肉。将化蛹的老熟幼虫潜至叶片边缘,将叶卷起,裹住虫体化蛹。田间5月份就可见到为害，但以7～9月份夏、秋梢抽发期为害最烈。田间世代重叠明显，各代历期随温度变化而异。平均气温27～29℃时，完成一个世代需13.5～15.6天；平均气温为16.6℃时为42天。苗木和幼树因抽梢多且不整齐而受害重。已发现的天敌有10多种寄生蜂及青虫菌、亚非草蛉和蚂蚁等，其中以白星啮小蜂为优势种。

(3) 防治方法。

①冬季和早春剪除有越冬幼虫或蛹的晚秋梢，春季和初夏摘除零星发生的幼虫和蛹。

②抹芽控梢，统一放秋梢。抹除零星抽生的晚夏梢和早秋梢，在大多数芽萌发时，统一放秋梢，促使抽梢整齐。

③化学防治。防治适期为新梢大量抽发，嫩叶长0.5～1厘米时，防治指标为嫩叶受害率在5%以上，但晚秋梢不必防治。可选用10%吡虫啉可湿性粉剂3 000～4 000倍液，或1%阿维菌素乳油3 000～4 000倍液，或99.1%敌死虫乳油300～400倍液，或25%除虫脲可湿性粉剂1 500～2 000倍液，或24%万灵乳油1 500～2 000倍液，或10%氯氰菊酯乳油3 000～4 000倍液，或20%甲氰菊酯乳油2 000～3 000倍液，或20%好安威乳油1 000～1 500倍液等喷雾。防治成虫应在傍晚进行，潜入叶内的低龄幼虫应在午后喷药，并注意药剂的轮换使用。

10. 柑橘凤蝶

属鳞翅目凤蝶科。又叫春凤蝶、花椒凤蝶、燕尾蝶、橘凤蝶等。在我国各柑橘产区均有分布。以幼虫取食柑橘、花椒和山椒等植物的芽和叶，初龄时将叶食成缺刻或孔洞，稍大时常将叶片吃光，仅留叶柄。

(1) 形态特征。

成虫　有春型和夏型两种。夏型比春型个体略大。两种类型体色和翅上斑纹相似，虫体淡黄色至暗黄色，体背中央有黑色纵带，两侧有黄白色带纹。翅黑色，前翅近三角形，近外缘有8个月牙形黄斑。后翅略呈长圆形，近外缘有6个月牙形黄斑。臀角处有一个橙黄色圆斑，中心为一黑点。雌虫均较雄虫略大，但色彩不如雄虫浓艳。

卵　圆球形，略扁，初产时黄色，后变为深黄色，孵化前变为紫灰色至黑色。

幼虫　初孵时体黑褐色，有肉瘤状突起。头、尾黄白色，体表粗糙，形似鸟粪。老熟幼虫全体黄绿色至绿色，表面光滑。头小，前胸背面有1对橙黄色翻缩腺(角)，后胸背面两侧各有一眼状纹，中央有4个眼状突。

蛹　近菱形，初为淡绿色，后呈暗褐色，越冬蛹色更深，常与黏附物的颜色相近。头顶两侧和胸背各有1个突起。

(2) 发生规律。在四川、浙江和湖北1年发生3～4代，广东和福建每年发生5～6代。各地均以蛹附在柑橘叶背、枝干及其他比较隐蔽的场所越冬。翌年5月下旬(浙江)开始羽化，即春型；第2代8月(夏型)、第3代9月中下旬出现。在橘园内成虫和幼虫数量最多的是第2代。成虫日间活动，卵散产于嫩枝条、嫩叶尖、叶缘或叶背面。初孵幼虫取食嫩叶，将叶咬成小孔。随着虫体长大，可将叶咬成缺刻形，老龄幼虫一日能吃几张叶。幼虫受惊时由前胸前缘伸出黄色或橙黄色肉质角，放出强烈气味驱敌。老熟幼虫吐丝做垫，以尾足钩住丝垫，然后吐丝缠绕胸、腹而化蛹，蛹与枝叶近于同色，起到自然保护作用。通常柑橘苗圃、幼龄果园或山区果园发生较多。已发现的天敌有：寄生于卵的螟黄赤眼蜂、松毛虫赤眼蜂等，寄生于幼虫的青虫菌；寄生于蛹的广大腿小蜂等和寄生蝇。

(3) 防治方法。

①人工捕杀。冬季结合清园，清除越冬虫蛹。在柑橘各次抽梢期，结合橘园及苗圃管理工作，捕杀卵、幼虫和蛹，或网捕成虫。

②保护利用天敌。赤眼蜂和凤蝶金小蜂等天敌对凤蝶有显著的控制作用。

③化学防治。可根据实际发生情况并结合其他害虫的防治进行挑治。可选用Bt制剂(每克100亿个孢子)200～300倍液，或10%吡虫啉可湿性粉剂3 000倍液，或25%除虫脲可湿性粉剂1 500～2 000倍液，或10%氯氰菊酯乳油2 000～4 000倍液，或2.5%溴氰菊酯乳油1 500～2 000倍液，或90%晶体敌百虫或80%敌敌畏乳油1 000倍液等喷雾。

11. 柑橘小实蝇

属双翅目实蝇科。柑橘小实蝇又叫东方果实蝇、果蝇、黄苍蝇。分布于我国福建、广东、广西、湖南、四川、云南、贵州和台湾等省、自治区，为国内植物检疫对象。寄主除柑橘类外，还有枇杷、杨梅、李、椰子、龙眼等250多种植物。以幼虫为害果实，可造成很大损失。

(1) 形态特征。

成虫　全体深黑色和黄色相间。

卵　梭形，一端稍尖，微弯，乳白色。

幼虫　1龄幼虫体半透明，2、3龄为乳白色，3龄以后的老熟幼虫为橙黄色。体圆锥形，前端小而尖，口钩黑色，气门板内侧纽扣形构造较大而明显。

蛹　椭圆形，淡黄色。

(2) 发生规律。柑橘小实蝇每年发生3～5代，在有明显冬季的地区，以蛹越冬，而在冬季较暖和的地区则无严格越冬过程，冬季也有活动。生活史不整齐，各虫态常同时存在。

(3) 防治方法。

①实行严格的检疫。严禁从疫区调运带虫的果实、种子和带土的苗木。

②冬耕灭蛹。

③早期摘除被害果和收拾落果。

④药剂诱杀成虫。6～7月成虫产卵期，在部分柑橘树冠上喷布90%晶体敌百虫或80%敌敌畏乳油1 000～1 500倍液加3%红糖液，一般全园只需喷1/3植株，每株喷1/3树冠。4～5天1次，连喷3～4次。也可用水解蛋白毒饵诱杀：取酵母蛋白100克、25%马拉硫磷可湿性粉剂300克，兑水70千克于成虫发生期喷雾树冠。或用砂糖2份，黄酒、醋和甜橙汁各1份，水10份混合后盛于罐中，进行诱杀成虫。

⑤性诱剂诱杀。将浸泡过甲基丁香酚加3%二溴磷溶液的蔗渣纤维板(57毫米×57毫米×10毫米)悬挂在果树上，诱杀柑橘小实蝇雄虫效果好。

⑥化学防治。在成虫羽化出土盛期至上果产卵时，选用80%敌敌畏乳油800倍液，或90%晶体敌百虫800倍液，或25%亚胺硫磷乳油500倍液，或40%乐果乳油1 000倍液，或20%灭扫利乳油等拟除虫菊酯类2 000～4 000倍液，加上3%红糖液喷洒树冠。每隔5～10天喷1次，连喷3～4次。

（二）柑橘病害

1. 疮痂病

我国各柑橘产区均有分布，是宽皮柑橘和柠檬的重要病害之一，常引起大量落果，对柑橘的产量和品质影响很大。

(1) 为害症状。为害柑橘的叶片、新梢和幼嫩果实组织。在叶片上初期为油渍状的黄色小点，接着病斑逐渐增大，颜色变为蜡黄色。后期病斑木栓化，多数向叶背面突出，叶面则凹陷，形似漏斗。严重时叶片畸形或脱落。果上发病开始为褐色小点，以后逐渐变为黄褐色木栓化突起。幼果严重时多脱落，不脱落的也果形小，皮厚，味酸，甚至畸形。

(2) 发病规律。病原为一种真菌，无性世代属半知菌亚门，有性世代属子囊菌亚门。病菌以菌丝体在患病组织内越冬。翌年春季，老病斑上即可产生分生孢子，并借助水滴和风力传播到幼嫩组织上(主要是刚落花后的幼果及初抽出来的幼叶尚未展开的新梢)，萌发后侵入。侵入后约10天左右发病，新病斑上又产生分生孢子进行再次侵染。适温和高湿(有一定时间的降雨)是疮痂病流行的重要条件。发病的温度范围为15～30℃，最适为20～28℃。在浙江等橘区，常年疮痂病以对幼果的为害最重，春梢的发病情况在不同年份间有很大差异。温度偏低是抑制春梢发病程度的关键因素。一般宽皮柑橘和柠檬类比较感病(特别是温州蜜柑、早橘、本地早蜜橘、南丰蜜橘等品种)，杂柑和柚类比较抗病(天草等少数品种除外)，甜橙类则基本不发病。

(3) 防治方法。

①剪除病梢、病叶。冬季和早春剪除病枝、病叶，春梢发病后也及时

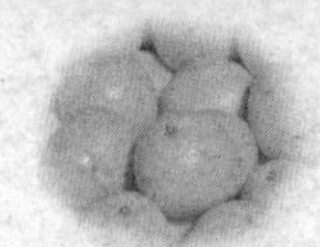

剪除新病梢。

②适期避雨。有条件的柑橘园只要从开始谢花起避雨3～4周，可有效控制发病。

③实施检疫。新开柑橘园采用无病苗木。另外，要防止国外新的疮痂病菌种类和生物型传入国内。

④化学防治。以防治幼果疮痂病为重点，于花谢2/3时喷药，发病条件特别有利时可在10～15天后再喷一次。春芽期可根据预报来决定是否用药，其用药适期为芽长2毫米。药剂可选用波尔多液（硫酸铜0.5～1千克，石灰0.5～1千克，水100千克），或65%硫菌霉威可湿性粉剂1 000～1 200倍液，或77%可杀得2 000型800倍液，或80%必备可湿性粉剂400～600倍液，或80%山德生（大生M-45）可湿性粉剂600倍液喷雾。

2. 树脂病

树脂病是柑橘上的一种重要病害，我国各柑橘产区均有分布。枝干、果实和叶片均可受害。通常将在枝干上发生的叫树脂病或流胶病；在果皮和叶片上发生的叫黑点病或砂皮病；在贮藏期果实上发生的叫褐色蒂腐病。

（1）为害症状。流胶型和干枯型：枝干被害，初期皮层组织松软，有小裂纹，接着渗出褐色的胶液，并有类似酒糟的气味。高温干燥情况下，病部逐渐干枯、下陷，皮层开裂剥落，疤痕四周隆起。木质部受侵染后变成浅灰褐色，并在病、健交界处有1条黄褐色或黑褐色的带痕。病部可见许多黑色小粒点。

黑点型和砂皮型：病菌侵染叶片和未成熟的果实，在病部表面产生许多散生或密集成片的黑褐色的硬胶质小粒点，表面粗糙，略为隆起，很像黏附着许多细砂。

（2）发病规律。病原为子囊菌亚门，但有性世代一般少见，常见的无性世代属半知菌亚门。病菌主要以菌丝、分生孢子器和分生孢子在病树组织内越冬。以分生孢子借风、雨、昆虫等媒介传播。在有水分的情况下，孢子才能萌发和侵染，适宜温度为15～25℃。此病菌为弱寄生性，只能从寄主的伤口(冻伤、灼伤、剪口伤、虫伤等)侵入,才能深入内部。在没有伤口、活力较强的嫩叶和幼果等新生组织的表面,病菌的侵染受阻于寄主的表皮层内,形成许多胶质的小黑点。因此,只有在寄主有大量伤口存在,同时雨水多,温度适宜时,枝干流胶和干枯及果实蒂腐才会发生流行。而黑点和砂皮的发生则仅需要多雨和适温,在雨水较多的柑橘产区,常年黑点和砂皮均可流行。

(3) 防治方法。

①营造防护林,做好防冻、防旱和防涝工作,保持树体较强的抗病力。

②清除病源。早春剪除病枝、枯枝,并集中烧毁,剪口涂保护剂。

③病树刮治。于春季彻底刮除发病枝干上的病组织,用75%的酒精消毒后, 再涂上药剂。药剂可选用70%甲基托布津可湿性粉剂100倍液,或50%多菌灵可湿性粉剂100倍液,或抗菌剂402,或硫酸铜100倍液。

④树干涂白。比较稀疏的果园,在盛夏前将主干涂白,以防日灼。涂白剂可用生石灰20千克、食盐1千克加水100千克配制而成。

⑤化学防治。结合疮痂病防治,于春芽萌发期和花谢2/3时各喷药1次的基础上,再在幼果期喷药2次。药剂可选用80%山德生(大生M-45)可湿性粉剂600倍液,或0.5～1%的等量式波尔多液,或77%可杀得2 000型800～1 000倍液,或80%必备可湿性粉剂400～600倍液等喷雾。

3. 炭疽病

我国各柑橘产区均有发生。可引起落叶、枯枝、幼果腐烂及将近成熟时因枯蒂而落果,对产量影响较大。

(1) 为害症状。

①叶片。慢性型病斑多出现于叶缘或叶尖,呈圆形或不规则形,浅灰褐色,边缘褐色,病健部分界清晰,病斑上有同心轮纹排列的黑色小点。急性型病斑多从叶尖开始并迅速向下扩展,初如开水烫伤状,淡青色或暗褐色,呈深浅交替的波纹状,边缘界线模糊,病斑多呈“V”字形,

正背两面产生众多的肉红色黏质小点，后期颜色变深暗，病叶腐烂，常造成全株性严重落叶。

②枝梢。病斑初为淡褐色，椭圆形；后扩大为梭形，灰白色，病健交界处有褐色边缘，其上有黑色小粒点，严重时病梢枯死。有时也会突然出现暗绿色的开水烫伤状的急性型症状，3～5 天后凋萎变黑，上有朱红色小粒点。

③果实。幼果发病，初期为暗绿色不规则病斑，病部凹陷，其上有白色霉状物或朱红色小液点，后成黑色僵果。大果受害，有干疤型和泪痕型 2 种症状。干疤型为黄褐色或褐色的近圆形病斑，革质微下陷；泪痕型是在果皮表面有一条条如眼泪一样的，由许多红褐色小凸点组成的病斑。

(2) 发病规律。病原属半知菌亚门的胶孢炭疽菌。病菌以菌丝体和分生孢子在病组织中越冬。分生孢子借助风雨和昆虫传播，在适宜的环境条件下萌发产生芽管，从气孔、伤口或直接穿透表皮侵入寄主组织。炭疽病病菌是一种弱寄生菌，健康组织一般不会发病。但发生严重冻害；或由于耕作、移栽、长期积水、施肥过多等造成根系损伤；或早春低温潮湿、夏秋季高温多雨、肥力不足、干旱、虫害严重、农药药害、空气污染等造成树体衰弱；或由于偏施氮肥后大量抽发新梢和徒长枝，均能助长病害发生。品种间以甜橙、椪柑、温州蜜柑和柠檬发病较重。

(3) 防治方法。

①加强果园管理。做好肥水管理和防虫、防冻、防日灼等工作，重视果园深翻改土，增施有机肥料和复合肥料，适当增施磷、钾肥料，及时排水、灌溉使树体保持健康生长的状态。并避免造成树体机械损伤，保持健壮的树势。

②剪除病虫枝和徒长枝，清除地面落叶，集中烧毁。修剪后在伤口处涂上 1:1:10 的波尔多浆，或 70%甲基托布津(或 50%多菌灵)可湿性粉剂 100～200 倍液。

③化学防治。树势衰弱或树体损伤时，应及时喷药保护。有急性型病斑出现时，更应立即进行防治。药剂可选用 0.5:0.5:100 波尔多液，或 77%可杀得可湿性粉剂 500～600 倍液，或 0.3 波美度的石硫合剂，或

70%甲基托布津可湿性粉剂,或 50%多菌灵可湿性粉剂 600～1000倍液等喷雾。

4. 黑斑病

黑斑病又名黑星病。我国各柑橘产区均有分布。柑橘枝梢、叶片及果实均可被害,以果实被害最严重。果实被害后,不但降低品质,而且在贮运时病斑还会发展,造成腐烂,损失很大。

(1) 为害症状。

黑斑型:果面上初生淡黄色或橙色的斑点,后扩大成为圆形或不规则形的黑色大病斑,直径 1～3 厘米。中部稍凹陷,散生许多黑色小粒点。严重时很多病斑相互联合,甚至扩大到整个果面。贮藏期的病果腐烂后瓤瓣僵化,呈黑色。

黑星型:在将近成熟的果面上初生红褐色小斑点,后扩大为圆形的红褐色病斑,直径 1～5 毫米。后期病斑边缘略隆起,呈红褐色至黑色,中部灰褐色,略凹陷,其上生有少量黑色小粒点状的分生孢子器。贮运期间可继续发展, 湿度大时可引起腐烂。叶片上的病斑与果实上的相似。

(2) 发病规律。有性阶段属子囊菌亚门真菌,称柑果球座菌,常见的是无性阶段,属半知菌亚门真菌,称柑果茎点菌。病菌主要以子囊果和分生孢子器在病叶、病果上越冬。翌年温湿度适宜时,散出子囊孢子和分生孢子,借助风雨和昆虫传播,在幼果和嫩叶上萌发产生芽管进行侵染。对果实的侵染主要发生在谢花期至落花后一个半月内。到果实和叶片将近成熟时病菌迅速生长扩展,出现病斑,再产生分生孢子,进行重复侵染。南丰蜜橘、早橘、本地早蜜橘、茶枝柑、椪柑、蕉柑、柠檬、沙田柚、新会橙和暗柳橙等发病较重,大多数橙类、温州蜜柑、雪柑和红柑等较为抗病。一般 7 年生以上的大树,特别是老树发病较重。高温多湿、晴雨相间,或栽培管理不善、遭受冻害、果实采收过迟等造成树势衰弱以及机械损伤等均有利于发病。

(3) 防治方法。

①加强栽培管理。做好肥水管理和害虫防治工作,保持强健树势。

②冬季清园。剪除发病枝叶,及时收拾落叶、落果,予以烧毁。再结合其他病虫害的防治喷洒1次1波美度的石硫合剂。

③化学防治。在花谢后开始喷药,每隔15天左右喷1次,连续2~3次。药剂可用0.7:1:100的波尔多液,或70%甲基托布津可湿性粉剂或50%多菌灵可湿性粉剂600~1000倍液,或77%可杀得可湿性粉剂500倍液,或80%必备可湿性粉剂400~600倍液,或80%山德生(大生M-45)可湿性粉剂600倍液,或62.25%仙生可湿性粉剂600~800倍液喷雾,并交替轮换用药。

5. 溃疡病

柑橘溃疡病是一种严重为害柑橘的细菌性病害，为国内外植物检疫对象,迄今为止,有5个菌株可引起溃疡病,但为害最重、分布最广的是A菌株,即亚洲菌株(我国目前仅受该菌株为害)。

(1)为害症状。叶片上先出现针头大小的浓黄色油渍状圆斑。接着叶片正、反两面隆起,呈海绵状,顶部稍有褶皱。随后病部中央破裂,木栓化,呈灰白色的火山口状。病斑多为近圆形,直径3~5毫米,周围有一暗褐色油腻状外圈。果实和枝梢上的病斑与叶片上的相似,但病斑的木栓化程度更为严重，火山口状开裂更为显著。前期发生的病斑隆起多,后期发生的较扁平。

(2) 发病规律。病原是黄单孢杆菌属的一种细菌。病原细菌在柑橘病部组织内越冬。翌年温度适宜、湿度高时,细菌从病斑中溢出,借助风、雨、昆虫和枝叶交互接触作短距离传播。远距离的传播则主要通过带菌苗木、接穗和果实。病菌落到寄主的幼嫩组织上,由气孔、水孔、皮孔和伤口侵入,潜育期3~10天。不同柑橘品种的抗病性差异显著,其中甜橙类严重感病,酸橙、柚、枳和枳橙次之,宽皮柑橘类较耐病,而金柑则抗病。刚抽发的嫩梢叶和刚形成的幼果,其气孔还未形成,病菌不能入侵。嫩叶在萌发后20~55天,幼果在落花后35~80天,其气孔形成多且处于开放阶段,病菌易侵入而大量发病。此病发生的温度范围为20~35℃,最适为25~30℃,高温高湿天气是流行的必要条件。暴风雨和台风给寄主造成大量伤口,更有利于病菌的传播和侵入。

(3) 防治方法。

①严格执行检疫措施。设立无病优质母本园,培育和供应无病苗木及无病接穗。

②营造防风林。减少果实和叶片损伤。

③剪除发病枝叶和果实,并集中烧毁。

④化学防治。喷药保护嫩梢和幼果。苗木和未结果的幼龄树以保梢为主,在春、夏、秋梢萌发后20～30天各喷药1～2次。结果树以保果为主,在花谢后10天、30天、50天各喷药1次。梢果幼嫩期出现台风后应立即进行防治。药剂可选用波尔多液(硫酸铜0.5～0.8千克,石灰1～1.6千克,水100千克),或铜皂液(硫酸铜0.25千克,松脂合剂1千克,水100千克),或0.2～0.3波美度的石硫合剂,或72%农用链霉素可湿性粉剂2 500倍液,或77%可杀得2000型800倍液,或80%必备可湿性粉剂400～600倍液等喷雾。

6. 黄龙病

(1) 为害症状。发病前期的主要症状是新梢叶片出现黄化,可有三种类型,即均匀黄化、斑驳黄化和缺素状黄化。先出现的通常是均匀黄化或斑驳黄化,而在这些黄化的枝梢上再发的新梢,或剪截了黄化梢后抽出的新梢,多枝短、叶小而僵硬,表现为似缺锌、缺锰状的花、叶。发病的枝梢果实小或畸形,着色不匀,橘类常表现为“红鼻”果,橙类则表现为果皮青绿无光泽的“青果”。后期病枝枯死,严重时整株死亡。

(2) 发病规律。病原为柑橘黄龙病细菌。黄龙病的病原为一种革兰氏阴性细菌,存在于韧皮部的筛管细胞内,本病可通过柑橘木虱传播或嫁接传播,带病苗木和接穗的调运是远距离传播的主要途径。田间毒源的普遍存在和柑橘木虱的高密度发生是此病流行的必要条件。柑橘品种中以椪柑、蕉柑、福橘、茶枝柑等最易感病,发病后衰退也快,橙类则耐病力较强。

(3) 防治方法。

①严格检疫制度,杜绝病苗、病穗和柑橘木虱传入无病区和新种植区。

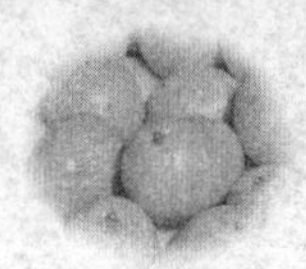

②培育无病苗木。苗圃地应选择在无病区或隔离条件好的地方,或用塑料网棚封闭式育苗。接穗和砧木种子应采自经指示植物或 PCR 检测鉴定无病的母树。砧木种子播种前先用 50～52℃热水浸泡 5 分钟预热,再在 55～56℃的热水中浸泡 50 分钟。采下的接穗用 1 000 倍盐酸四环素液浸泡 2 小时,再用清水冲洗干净后嫁接。

③及时、有效地防治柑橘木虱。

④及早挖除病树。坚持每次新梢转绿后全面检查黄龙病株,发现一株挖除一株,不留残桩。

⑤病区重建柑橘园。重病区应整片挖除病、老树,清理环境,安排好必要的隔离条件,并先种植 1 年豆科等其他作物后再行种植柑橘。

五、采收、贮藏和分级、包装与运输

果实的采收和贮藏是柑橘生产栽培的最后环节，包括了果实采摘、保鲜剂使用、搬运入库房、预贮、单果套袋、贮藏期间的管理等各项工作。这些工作做得好与坏，将会影响到果实的品质和效益。

（一）采　收

采收质量的好坏，直接影响到柑橘果实的贮藏保鲜效果，所以，应当切实做好采前准备、适期采收工作，严把采收质量关。

1. 采收前的准备

（1）采摘工具准备。主要包括采果剪、采果袋、周转箱、采果梯和搬运工具等。为避免刺伤果实，采果剪要求圆头、刀口锋利、合缝；采果袋可用厚布或塑料编织布缝制，缝制要牢固，大小在可装橘果 7～8 千克左右为宜；周转箱可用木箱或塑料箱，采用的木箱内壁应光滑，否则在装果时应当用柔软物衬垫；采果梯要用人字梯，并且高、矮搭配，便于采摘；采收前应将搬运工具整理修缮好，确保随时可用。

（2）贮藏库房的准备。包括库房整理、消毒和贮果用具的准备。

贮藏库房要求：库房应事先堵塞鼠洞，严防鼠害；库房应具有良好的通风换气和保温保湿能力，普通库房应选择温湿度变化小而通风保湿良好的房间；库房应在果实入库前打扫干净，用具洗净、晒干；在入库前一周用 500 倍的 50%多菌灵或 70%甲基托布津，或用 1%～2%福尔马林喷洒消毒；也可以每立方米库容用硫磺粉 10 克加次氯酸钠 1 克或一熏灵 0.3 克，密闭熏蒸消毒。在入库前 24 小时敞开门窗，换入新鲜

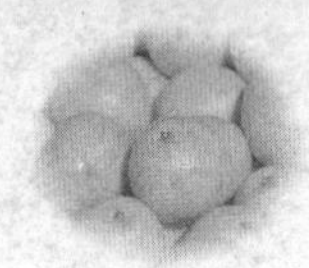

空气。

贮果用具准备：塑料箱、木箱等贮果用具，其内壁必须平整光滑，并符合国家卫生标准规定。容量为15～20千克。

2. 适期采收

采收适期是指要采摘的果实已经表现或基本表现出了该品种固有的特征，如糖、酸含量，果面色泽和香气等。

对于实施完熟栽培的果园，应当在果实已经完全表现出了该品种固有的特征时采收，如早熟温州蜜柑在糖分达到最高，含酸量变化小，充分着色，开始出现轻度浮皮时采摘，完熟栽培的果实适于即时上市。

对于贮藏用的果实，无论是早熟、中熟、晚熟品种，都有应在果面达到70%～80%着色时采摘，并且要做到选黄留青，分批采收。

3. 严把采摘质量关

要确保采摘质量，必须做到以下几点：

(1) 采摘人员事先应剪平指甲，并戴手套采果，以免刺伤果实。

(2) 预计采收时期前15天之内，应停止灌水、喷水。

(3) 果面露水未干前及雨天不得采收；下大雨后至少隔2天再采收。

(4) 选黄留青，分批采收。

(5) 必须用圆头型采果剪采果，剪平果蒂。

(6) 技术熟练及易采部位的果实，可用一次剪果法，齐果蒂将果梗剪平；一般应采用二次剪果法，第一次先将果实留较长果梗剪下，第二次齐果蒂将果梗剪平。

(7) 采果时应按先下后上，由外向内的顺序；树冠较高时，要站在采果梯或高凳上采摘。尽可能树冠顶部、中部、下部的果实分开放置。

(8) 机械伤果、落地果、病虫果、霜冻果及残次果不能用于贮藏。橘枝等杂物不要混在果中。

(9) 果实要轻采轻放，不可攀枝拉果采摘，不得抛掷，防止碰伤、压伤和果实日晒。

(10) 应采用果箱装运,并避免相互挤压。

4. 商品果质量要求与等级指标

(1) 商品果质量要求。商品果质量要求各等级果均具有该品种成熟后固有的色泽、香气和正常风味。

(2) 商品果等级指标。在特定的情况(如签订购销合同)下,往往需要约定果实的等级。不同的柑橘品种,等级指标所涉及的果实大小规格有所不同。

浙江省主要柑橘品种商品果分等和分级要求详见附录一至附录七。

(二) 贮藏保鲜

1. 柑橘贮藏期主要病害

(1) 柑橘炭疽病。该病在贮藏果实上的症状,有干腐型和软腐型两种。干腐型病斑常发生在比较干燥条件下,病斑褐色,略下陷,边缘明显,病斑中部常散生黑色小粒点(病菌的分生孢子盘),病部只限于果皮,囊瓣一般不受害。软腐型病斑常发生在潮湿条件下,病斑暗褐色、圆形、软腐,其上生有白色菌丝层和朱红色小液点(病菌分生孢子堆)。

(2) 柑橘黑腐病。该病为害成熟果实。病菌自伤口、蒂部或脐部侵入,病斑初期圆形,黑褐色,扩大后稍凹陷,边缘不规则。高温高湿时,病部长灰白色菌丝,后发展成为墨绿色绒毛状霉层。剖视果实,中心柱及附近囊瓣长满墨绿色绒毛状霉,果肉腐烂,不堪食用。有时果实外观无显著症状,而果肉病部呈墨绿色,在中心柱空隙处长出大量墨绿色绒毛状霉。

(3) 柑橘蒂腐病。最初由蒂部开始发生,随后蔓延至果实中心柱,引起中心柱腐烂,故俗称"穿心烂"。本病有黑色蒂腐病和褐色蒂腐病两种。

黑色蒂腐病:病斑最初由蒂部或蒂部附近发生,淡褐色、水渍状、无光泽而后迅速扩展至全果,以后变为暗紫色,软腐,极易破裂。病斑边缘

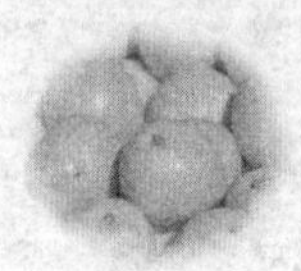

有呈波浪状，常溢出褐色汁液。病菌很快从果蒂向果心蔓延，直达脐部，造成“穿心烂”的症状。

褐色蒂腐病：本病是柑橘树脂病的一种发病症状，最初由蒂部发生，初为圆形水渍状淡褐色病斑，后期病部呈橄榄色，革质，手指按之不破有韧性，同时很快从果蒂向果心蔓延，直达脐部，所以俗名“穿心烂”。病果肉和种子呈红褐色易与中心柱脱离，种子黏附中心柱上，病部常散生许多小黑点(病菌的分生孢子器)，病果味较苦。

(4) 柑橘干疤病。以甜橙果实发病最多，是一种生理性病害，该病发生部位常在蒂缘和果面。前者称蒂缘干疤，后者称果面干疤。蒂缘干疤发生在果蒂周围，病斑不大，红褐色至深褐色，病部略下陷、革质。果面干疤可发生在果面任何部位，初为圆形红褐色小斑点，后逐渐扩大、连片，形成大而边缘不整齐的深褐色革质病斑。

(5) 柑橘虎斑病。其病斑可分规则型和不规则型，规则型病斑初期呈圆形或较规则的多边形，病、健部界限明显，病部稍下陷；不规则型病斑在果皮上形状不规则，先淡绿色，病部组织凹陷，油胞显著突起，后变褐色，油胞萎缩。

(6) 柑橘青霉病和绿霉病。青霉病和绿霉病的症状比较见表I–4。

表I–4　青霉病和绿霉病的症状比较

	青霉病	绿霉病
孢子丛	青蓝色，可发生在果皮上和果心空隙里	橄榄绿色，只发生在果皮上
白色霉带	较窄，仅1～2毫米，外观呈粉状	较宽，为8～15毫米，略带胶着状，微有皱纹
病部边缘	水渍状，规则而明显	水渍状，边缘不规则且不明显
病菌的胶性	对包果纸及其他接触物无黏着力	包果纸往往贴在果上，亦易与其他接触物黏结
气味	发霉气味	有芳香味
腐烂速度	较慢	较快

续表

	青霉病	绿霉病
发病时间	贮藏中期低温发病多	贮藏初期和末期较高温发病多
接触传染	容易	不容易

(7) 柑橘酸腐病。病部果皮水渍状,极度软腐,手指触之即破,呈烂柿子状的黏湿团,溃不成形,难以用手拣出,病果可流出汁液,酸臭。有时病果上可长出稀薄的白霜状霉层,病果极易招引果蝇产卵,故有幼蛆的病果为酸腐病无疑。

2. 防腐保鲜剂

目前,保鲜剂主要包括杀菌剂和生长调节剂。常用的杀菌剂有抑霉唑、咪酰胺(咪鲜胺)和双胍盐三大类;常用的生长调节剂有2,4-D钠盐。

值得注意的是,无论选择哪一类保鲜剂,其中都不应该混有被膜剂,否则,很有可能会造成贮藏期间的果实异常腐烂。

各类杀菌剂的主要产品和2,4-D钠盐的常用浓度如下:

(1) 抑霉唑类。

①22.2%戴唑霉750倍。

②50%万利得乳油1 000～2 000倍。

③50%抑霉唑500～1 000倍。

④50%维鲜750倍。

(2) 咪酰胺类。

①50%使百功1 000倍。

②25%施保克750倍。

③45%扑霉灵1 500倍。

(3) 双胍盐类。

40%百可得1 500倍。

(4) 2,4-D钠盐。

制品2,4-D钠盐的含量应大于85%,并与杀菌剂配合使用,使用浓

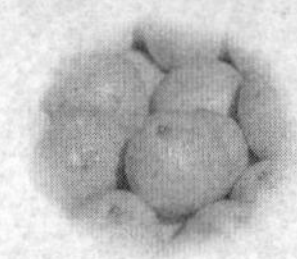

度为 5 000 倍。配制 2,4–D 钠盐时,先用少量酒精(或 60 度以上白酒)溶解,然后配成所需浓度。但根据《NY/T 5015–2002 无公害食品　柑橘生产技术规程》2,4–D 钠盐已经被禁止在无公害柑橘生产过程中使用。

3. 保鲜目标

椪柑和温州蜜柑等宽皮橘类,通常大的果实比小的果实贮藏性差。因此,应根据不同的果实大小,确定不同的保鲜目标。椪柑特级果贮藏期应掌握在 75～90 天,干、烂耗不超过 9%,保持固有的外观和风味,可溶性固形物含量≥11%。一级果和二级果分别贮藏 100 天和 115 天,总干、烂耗不超过 10%,保持原有色泽和风味,可溶性固形物含量≥11%。

4. 防腐保鲜处理

应掌握在园地边采边处理。在橘园将采下的果实剔除落地果后进行浸果处理。一般将果实在配制好的防腐保鲜剂药液中浸 30～60 秒,然后取出晾干。对于田间不能及时处理的果实,必须在采后 24 小时内浸果处理,最长不超过 48 小时。

5. 贮藏柑橘的管理

柑橘的贮藏管理主要包括预贮、分级包果和库房温度、湿度的管理等。只有做好贮藏柑橘的各项管理工作,使柑橘果实始终处于一个良好的贮藏环境下,才能确保柑橘的干耗和腐烂率最小,从而达到我们预期的目的。

(1) 贮藏的适宜温、湿度等条件。

①温度条件。温度对柑橘果实贮藏效果的影响最大,因为它不但直接影响果实的呼吸作用,而且还影响青病菌的活动能力。不同的柑橘品种,贮藏的适宜温度有所不同,对于常温库贮藏柑橘果实而言,适宜的温度为:橘类 3～10℃,橙类 6～10℃,柠檬 12～15℃。

②湿度条件。贮藏库房中空气相对湿度的大小,关系到柑橘果实水分蒸发的速度。湿度太小,果实水分蒸发快而多,不但失重损失大,而且果皮萎缩,品质降低;若湿度过大,利于病菌繁殖为害;温州蜜柑在高湿

条件下还易产生浮皮现象。一般橘类要求的湿度稍低，以 80%～85%为宜，甜橙类的要求稍高，以 90%～95%为宜。

③空气成分。虽然柑橘果实在生理上没有呼吸高峰，但是贮藏环境中维持适当的低氧、高二氧化碳，可以抑制呼吸，延长贮藏寿命。一般柑橘果实的二氧化碳容忍点在 1%左右，过高的二氧化碳会产生缺氧呼吸，往往导致水肿或干疤等生理病害发生，对贮藏不利。据国外气调贮藏柑橘果实介绍，温州蜜柑在贮温 3～10℃下，维持氧气 10%、二氧化碳 0～2%；甜橙在贮温 5～10℃下维持氧气 10%、二氧化碳 5%；柠檬在贮温10～15℃下，维持氧 5%、二氧化碳 0～5%。

（2）预贮。采摘并经防腐保鲜浸果后进入贮藏库房的果实，因表皮细胞含水很多，并且带有大量的热量，若不经蒸发会大大提高库内相对湿度和温度，对贮藏不利。预贮是将经防腐保鲜浸果后的果实运入库房后，利用空气对流使果皮干燥，同时降低库房温度。理想的预贮温度为 7℃，相对湿度为 75%；预贮时间长短视采收前后天气而定，一般年份在 3～7 天，多雨年份可延长到 10～15 天。通常以果实失重率达到 3%～5%为宜。如阴雨天气，可采用电扇降温除湿。

（3）分级包果。经预贮果实应按不同贮藏目标要求进行初步分级。分级后的果实可采用聚乙烯薄膜袋单果包果，也可不包。分级包果后按大果和小果分别贮放，这样做可便于销售。

（4）贮放方式。

①箱贮。贮藏果实可用单果薄膜包装后装箱，亦可用裸果装箱。果实装箱不宜装满，容器上部留 5 厘米的空间，每件净重以不超过 20 千克为宜。果箱在库房内呈“品”字形堆码，箱间留 10～15 厘米间隙，堆间留 80～100 厘米宽的通道，四周与墙壁相隔 30～40 厘米。果箱堆放高度视容器的耐压程度而定，但最高层箱距离顶棚需有 100 厘米以上的空间。

②架贮。用木架、铁架、水泥杆架等，架的宽度以两人能操作为宜。层数以便于操作为宜，但最高层距离库顶至少 60 厘米。

③堆藏。堆藏应先在地面上铺垫稻草等软物，然后将果实轻放于上，一般堆果高度不超过 30 厘米，中间留有通道。未单果包装的果实在

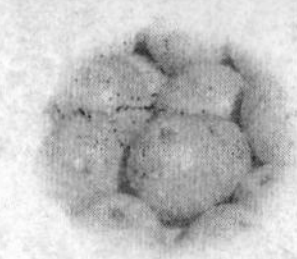

堆藏7～10天后，应上面盖一层青松针、稻草、苔藓之类的软物保湿。

(5) 库房管理。库房要门窗遮光，保持室内温度4～20℃，一般以5～10℃为宜，相对湿度85%～90%为宜，昼夜温差变化应尽量小。

贮藏初期：库房内易出现高温高湿，当外界气温低于库温时，应敞开所有通风口，加速库内气体交换，以达到要求的温湿度。

贮藏中期：当气温低于4℃时，应关闭门窗，加强室内防寒保暖，实行午间通风换气。

贮藏后期：当外界气温上升至20℃时，白天应紧闭通风口，实行早晚通风换气。

当库房内相对湿度降到80%时，箱藏的应覆盖塑料薄膜保湿，薄膜应离橘箱30厘米，切勿密闭；堆藏的应加厚青松针、稻草、苔藓等软物保湿；同时均可在地面洒水和盆中放水等方法，提高空气湿度。

要定期检查果实的腐烂情况，烂果要及时拣出，拿到库房外处理。若烂果不多，尽量不要翻动。

根据贮藏品种固有性状和贮藏中的生理生化变化，贮藏果实应按市场需要分批出库销售。尤其是对于贮藏不当，出现异常腐烂的果实，应当提早出库销售。

(三) 分级、包装与运输

1. 分级

出库销售的果实应当经过分级。分级的标准可参照附录一至附录七不同品种的商品果质量要求进行。对于特殊需要的也可以另行约定。

分级的方法可以采用自动选果机进行分级，也可以采取人工分级。采用自动选果机进行分级不但效率高，而且相对比较标准。经营者应根据生产需要选用不同生产能力的选果机。

根据需要，橙类和杂柑类品种在分级前进行打蜡处理，以提高果实的外观品质。采用自动选果机进行分级时，打蜡处理和分级可以同时进行。

如果不是特别约定，椪柑和温州蜜柑等宽皮柑橘类品种不宜进行打蜡处理,否则,在销售时间较长时会降低果实的内在品质。

2. 包装

果品包装有美化商品的作用,但主要是为了保护商品和便于贮藏、运输和销售。因此,包装物不宜过分花哨,应该美观大方,符合规范。

(1) 包装的标志、标签。作为包装标志,每一箱在箱外标明:产品名称、产品标准号、质量等级、重量(毛重、净重)或果数、包装日期和经销单位名称。“怕热”、“怕湿”、“小心轻放”、“堆码高度”等储运图示标志应符合 GB 191-2000《包装储运图示标志》规定。

需用果实标志时,每只果实贴上标签,写明品名、商标,在形式和内容上同一批次必须一致。

(2) 包装物。包装物采用瓦楞纸箱包装,箱之侧面应有通气孔。包装规格一般每箱净重不超过 15 千克。包装物必须清洁、干燥、牢固、美观、无异味,内部无尖突物,外部无钉头或尖刺,无虫蛀、霉变。

出口柑橘的包装材料应根据对方国家的要求办理。

(3) 包果纸。因特别需要要求单果包纸时,包果纸纸质应洁净柔软,薄而半透明,具适当的抗潮力、韧性和透气性能,裁制大小尺寸以包没全果而不致松散、脱出为宜。

3. 运输

果实经包装之后,必须通过各种运输工具才能送往目的地,因此,运输也是柑橘果品流通过程中的一个重要环节。不论采用何种运输工具,都必须尽量做到轻装轻卸,快装快运,防止碰撞和挤压,并且具有防晒、防热、防冻、防雨淋措施。这样,才能实现运输中保证质量,减少损失。

杨梅

YANGMEI

一、优良品种

（一）浙江省主栽品种

1. 东魁杨梅

东魁杨梅是20世纪50年代末从黄岩江口镇东岙村杨梅园中选出的实生变异品种，由原浙江农业大学园艺系吴耕民先生定名东魁杨梅，是目前我国乃至世界上果实最大的杨梅品种。该品种于1983年得到发掘与繁育，1992年通过浙江省农作物品种认定，列为浙江省重点推广的水果良种之一，是全省广泛种植的品种，也是全国栽植面积最大的杨梅品种。

(1) 形态特征。东魁杨梅树冠高大，呈圆头形，抽枝旺，枝叶茂盛，叶色浓绿，叶片大而厚。其100多年的原生母树，树高9.1米，冠幅6.2米×7.2米，干周1.0米。叶片主侧脉正面脉纹明显但较平，反面的主侧脉明显突起，手指触觉明显。这是东魁和普通杨梅的主要区别，可作为苗木鉴别的重要依据。

(2) 果实性状。果实特大，近似高圆球形，纵径3.93厘米，横径3.76厘米，平均单果重25克左右，最大单果重52克。果面有较明显的缝合线，果实蒂部突起，至采收期仍保持黄绿色，因而别称“青蒂头”大杨梅、“巨梅”等。果实紫(深)红色，肉柱较粗大，先端钝尖，汁多，甜酸适中，味浓，可溶性固形物含量为13.4%；总糖10.5%，总酸1.1%，可食率达94.8%，品质极佳。适于鲜食或罐藏，耐贮藏和运输。

(3) 生物学特性。

①物候期。根据对原产地黄岩的物候期观察:东魁杨梅花芽于2月下旬开始萌动,雌花在3月上、中旬陆续开放,前后花期25天,雄花开放略早。春梢在4月上旬发生,夏梢在7月上旬发生,秋梢在8月中、下旬以后发生。果实发育,生理落果期为4月下旬到5月上旬,5月中、下旬为硬核期,6月上、中旬为迅速膨大期,6月下旬着色成熟期,采收期约15天。7月上、中旬开始花芽分化,11月底花芽分化基本完成,随后花芽开始发育。

②生长结果习性。东魁杨梅嫁接树生长势较强,全年一般幼年树抽梢3～4次,成年树抽梢2～3次。抽梢能力与树龄相关,如春梢抽生量与基枝数量的比率来看, 幼年树达234%, 始果树为189%, 盛果树为96%,35年生大树仅为78%。其春梢长度表现也一致,幼年树、始果树、盛果树春梢长度分别为12.4厘米、9.7厘米、7.2厘米。就春梢、夏梢和秋梢的长度来说,春梢为最长,夏梢次之,秋梢最短,如成年树春梢、夏梢和秋梢长度分别为7.7厘米、5.45厘米和5.01厘米。

东魁杨梅结果枝以发育充实的春梢和夏梢为主。从结果枝长度来看,主要为中果枝(5.0～15厘米)占55.2%,短果枝占29.3%,长果枝仅占15.5%。其坐果率一般为2.9%～5.3%。东魁杨梅果实自谢花后子房膨大形成幼果开始到果实成熟约需70天时间, 可分为果实生长发育期(幼果期), 其果径生长迅速, 横径生长大于纵径, 此期持续约20～25天;果实生长中期(硬核期),果实生长较为缓慢,纵横径生长趋于平稳,此期约经历15～20天;果实生长后期(发水成熟期),果实生长加快,纵径生长较横径快,后转横径生长加快,果实增长加大,果实转色,含糖量提高,此期约持续25～30天。

③丰产性。东魁杨梅树势强健,产量高,一年生嫁接苗种植5～6年后开始结果,15年后进入盛果期,盛果期可维持50～60年,大树株产一般100～150千克,最高达500千克。生长旺盛,结果大小年现象不明显,成熟期不易落果,抗风、抗病性强。适应性广,易种植,浙江省内各县市及福建、江西、湖南、广西、广东、云南、贵州、四川等杨梅产区表现良好。

2. 荸荠种杨梅

荸荠种杨梅是从余姚市三七市镇张溪村实生杨梅树变异株系,由于果实成熟时其色泽与荸荠的外皮相仿，故得其名，已有360余年历史,是全省广泛种植的品种,为全国杨梅主栽品种之一。

(1) 形态特征。荸荠种杨梅树中庸,树姿开张,枝条稀疏,树冠半圆形。15年生树高4.2米,冠径6.0米,干周0.7米。多年生枝条暗褐色,有灰白晕斑及长圆形皮目。嫩枝青绿色,叶片大小不一,位于枝条基部时较小,以春梢中部的叶测定,长8.1厘米,宽2.5厘米,倒卵形,先端钝圆,厚度中等,叶质稍硬,正面色深绿,背面灰绿,嫩叶黄绿或翠绿,全缘,表面多蜡质。正面脉纹明显稍突起,背面仅主脉明显,正背面均光滑。

(2) 果实性状。果实中等大,略呈扁圆形,纵径2.65厘米,横径2.69厘米,平均单果重12克左右,最大单果重18克。果实成熟时呈乌黑色,果顶稍凸,果底平,缝合线较明显,果蒂小,蒂台淡红色;肉质细软,汁多,味浓甜可口;可溶性固形物含量为12.8%;总糖9.12%,总酸0.80%,可食率达95.5%,品质极佳。适于鲜食或加工。

(3) 生物学特性。

①物候期。根据对原产地余姚、慈溪两市的物候期观察:荸荠种杨梅花芽于3月底至4月初开花,花期约30天。春梢在4月中旬发生,夏梢在6月下旬发生,秋梢在8月下旬发生。果实发育,生理落果期为4月中旬、5月中旬,5月下旬为硬核期,6月中旬为迅速膨大期,6月中、下旬着色成熟期,采收期约15天。6月下旬开始花芽分化,11月中旬花芽分化基本完成,随后花芽开始发育。

②生长结果习性。荸荠种杨梅结果枝以春梢和夏梢为主。结果枝以中等长度的枝梢坐果最好。

③丰产性。荸荠种杨梅树中庸,产量高,一年生嫁接苗种植3～5年后开始结果,10年后进入盛果期，盛果期可维持30年，大树株产一般70～150千克,最高达450千克。成熟期不易落果,抗风、抗病性强。适应性广,易种植,浙江省内各县(市)及福建、江西、湖南、广西、广东、云南、

贵州、四川等杨梅产区表现良好。

3. 丁岙杨梅

丁岙杨梅原产温州市瓯海区，是由杨梅实生苗中选出的早熟优质单株,经繁育发展而成。主产于浙南地区,最近十几年福建、广东、湖南等省引种栽培较多。

(1) 形态特征。丁岙杨梅树势强健,呈圆头形或半圆形,树干、枝条短缩,短枝型品种。叶大,丛生,色浓绿,长倒卵形或尖长椭圆形。

(2) 果实性状。果实呈圆球形,纵径 2.60 厘米,横径 2.70 厘米,平均单果重 12 克左右。果实成熟时呈乌紫色,两侧有纵线沟,果蒂绿色凸起,与红色果实相互辉映,故有“红盘绿底”之美称。果柄特长,达 2 厘米,枝条固着力强,不易落果。肉质柔软,甜酸适口;可溶性固形物含量为 11.1%;总糖 8.90%,总酸 0.83%,可食率达 95.0%,品质佳。

(3) 生物学特性。

①物候期。根据对原产地瓯海区的物候期观察:丁岙杨梅于 3 月底开花,花期约 20 天。春梢在 4 月中旬发生,夏梢在 6 月下旬发生,秋梢在 8 月上旬发生。果实发育,5 月中旬为硬核期,6 月上旬为迅速膨大期,6 月中、下旬果实成熟,采收期约 15 天。

②生长结果习性。丁岙杨梅结果枝以春梢和夏梢为主。中果枝为主要结果枝,采前落果少。

③丰产性。丁岙杨梅树势强健,一年生嫁接苗种植 4～5 年后开始结果,15 年后进入盛果期,盛果期可维持 40～50 年,大树株产一般 75 千克左右。抗风性强,适应性广。

4. 晚稻杨梅

晚稻杨梅原产舟山市定海区,是由杨梅树变异选优而成,已有 100 余年历史。主产于舟山地区,自 1983 年以来,全国有 5 个省的 30 多个市、县引种。

(1) 形态特征。晚稻杨梅树冠高大,呈圆头形或圆筒形。50 年生母树高 8.75 米,冠径 8.15 米。树皮光滑呈灰绿色,皮孔明显。叶披针形,全缘间或浅锯齿。

(2) 果实性状。果实呈圆球形，纵径2.60厘米，横径2.70厘米，平均单果重12.0克左右。果实成熟时呈乌紫色、有光泽，两侧有纵线沟，果蒂绿色凸起，与红色果实相互辉映，故有“红盘绿底”之美称。果柄短，果蒂小。肉质柔软，汁多，甜酸适口，风味浓；可溶性固形物含量为12.6%；总糖9.60%，总酸0.85%，可食率达95.50%，品质优。适于鲜食、制罐、制汁。

(3) 生物学特性。

①物候期。根据对原产地舟山市定海区的物候期观察：晚稻杨梅雌花芽于3月中旬开始萌动，初花期为4月上旬，花期约30天。春梢在4月下旬发生，夏梢在7月上旬发生，秋梢在8月上旬发生。果实发育，生理落果期为5月初至5月中旬，5月中旬为硬核期，6月中旬为迅速膨大期，7月上旬果实成熟，采收期约10天。

②生长结果习性。晚稻杨梅结果枝以春梢为主，春梢占全年3次梢总量的70%左右，春梢平均长9.5厘米；夏梢较短，平均长7.7厘米；秋梢细短，坐果率极差。结果枝以中果枝为主，占全树总结果枝的90%以上，每枝着果3～4个。

③丰产性。晚稻杨梅树势强健，发枝力强。一年生嫁接苗种植5～6年后开始结果，15年后进入盛果期，盛果期可维持40～50年，大树株产一般50～100千克，高者可达400千克。抗逆性强，大小年幅度小，丰产。

(二) 地方特色品种

1. 临海早大梅

临海早大梅是浙江省临海市林业特产局和原浙江农业大学园艺系从当地水梅中选出的实生早熟品种，1989年通过认定命名。树势中庸，树冠高大，呈圆头形。叶片广倒披针形，叶长8.7厘米，宽3.1厘米。果实略高扁圆形，纵径2.94厘米，横径3.18厘米，平均单果重16克左右，最大达18.4克。果实成熟时呈紫红或紫黑色，肉柱长而较粗，大多呈槌形，顶端钝圆；肉质致密，较硬，甜酸适口；可溶性固形物含量为 11.0%；总糖 8.71%，总酸 1.06%，可食率达 93.80%，品质上等。适于鲜食、制罐。根据对原产地临海市的物候期观察：早大梅雌花在 3 月中旬至 4 月上旬开花。果实于 6 月中旬成熟。一年生嫁接苗种植 4～5 年后开始结果，13 年后进入盛果期，大树株产一般可达 50 千克以上，大小年幅度小，抗逆性较强，表现丰产。

2. 三门桐子梅

桐子杨梅原产于台州市三门县，由实生杨梅优变选育而成，已有 200 多年种植历史。2001 年浙江省农作物品种审定委员会认定为推广发展的杨梅新品种。树势强健，分枝力强，树冠呈圆头形。果实圆球形，平均纵径 3.17 厘米，横径 3.26 厘米，平均单果重 16 克左右，最大果重 28 克；果实完熟后呈紫黑色，果汁中等，甜酸适中，味浓，品质上乘，可食率 93.6%，可溶性固形物含量 11.5%。果核稍大，呈卵形。其最显著特点是果实肉质坚硬，耐贮运。根据对原产地临海市的物候期观察：桐子杨梅雌花在 3 月底至 4 月中旬开花，果实于 6 月中旬成熟。一年生嫁接苗种植 5年后开始结果，10 年后进入盛果期，大树株产一般可达 50～75 千克，高者可达 200 千克；采前落果少，大小年幅度小，抗逆性较强，表现丰产。

3. 早荠蜜梅

早荠蜜梅是近年浙江省农业科学院园艺所和慈溪市杨梅研究所从荸荠种杨梅中选出的实生早熟品种。树势中庸，树冠圆头形。叶较小，长 7.6 厘米，宽 2.75 厘米，两侧略向上。果形扁圆，平均单果重 9 克左右，完熟时呈深紫红色，光亮，肉柱顶端圆钝，可溶性固形物含量 12.38%，总酸 1.26%，味甜酸，品质优良。产地于 6 月上、中旬成熟，比荸荠种早 10 余天采收，同时花期较早，比一般早 20 天，可避开花期风沙侵袭。该品种进入结果期较早，结实率高，产量稳。一年生嫁接苗栽后 3～4 年始果，4 年生株产 3～5 千克，6～8 年生 8～12 千克。

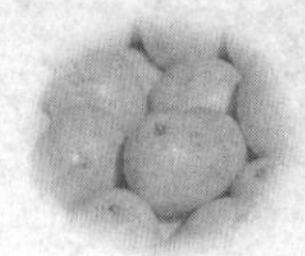

4. 早色

又称早式。原产于浙江杭州市萧山区前所镇杜家村。树势旺盛，树姿较直立，树冠圆头形。叶片呈倒披针形，叶大，叶长 9.8 厘米，宽 2.8 厘米，叶全缘间或有锯齿。果实圆球形或扁圆形，中大，平均纵径 2.62 厘米，横径2.75 厘米，平均单果重 13 克左右，最大果重 17.0 克，在早熟品种中属果形较大者；果实完熟后呈紫红色，果顶和果基均呈圆形且平整，果蒂细小，黄绿色，肉柱顶端圆或尖，肉质稍粗，果汁多，味酸甜，品质优良。果核小，可溶性固形物含量 12.5%，总酸 1.25%，可食率 95.1%。产地 6 月16～20 日成熟。丰产稳产，一年生嫁接苗种植 4～5 年后开始结果，盛果期平均株产一般可达 70～100 千克，结果大小年现象不明显。适应性广，栽培易，抗病虫害能力强，采前落果较少。

5. 黑晶

黑晶是近年浙江省农业科学院园艺所和温岭市农业林业局从温岭大梅中发现的实生变异株系统选育而成的大果型乌梅类杨梅新品种。2007 年 2 月通过浙江省非主要农作物品种认定委员会认定（浙认果 2007001）。树势中庸，树冠圆头形；叶色浓绿，叶长卵形或倒披针形，叶长 8.42 厘米，宽 2.53 厘米，先端渐尖较钝，叶边全缘，微有波状。果实圆形，纵径 3.10 厘米，横径 3.13 厘米，平均单果重 17.0 克左右，果顶较凹陷，蒂部突起高大，突起部呈红色，完熟时呈紫黑色，有光泽，具明显纵沟，肉柱圆钝，汁液丰富，可食率 90.6%，含可溶性固形物 11.5%，固酸比 13.1，品质优。产地于 6 月 20 日前后成熟。该品种始果期较早，丰产稳产，4 年生树株产可达 4～5 千克。

6. 水晶杨梅

又名白砂杨梅。产自上虞市二都和余姚市马渚临山。树势强健，树冠半圆形。果实圆球形，平均单果重 14 克左右，最大果重 17.3 克。完熟时白玉色，肉柱先端稍带红点；肉质柔软细嫩，汁多，味甜稍酸，风味较浓，具独特清香味，品质上乘。可食率 93.6%，可溶性固形物含量 13.4%，于6月下旬至7月上旬成熟，采收期长达15天左右，宜在山脚肥沃处栽培，为我国品质最优的白杨梅，可作花色品种适当发展。

7. 大炭梅

大炭梅产于杭州余杭等地。树势较强健，枝条较稀疏。叶阔倒披针形，质较软，叶脉细而不明显，全缘，略向下反卷。果大，圆球形，平均单果重14克左右，果表深黑色似炭，故名。果蒂大而明显突起，翠绿色，果梗较细。肉柱先端钝圆，缝合线不明显。汁多味甜，可溶性固形物含量10.3%，含酸0.59%，品质上等。产地于6月25日前后成熟。

8. 乌紫杨梅

乌紫杨梅是近年浙江省象山县农业林业局从象山晓塘乡礁头村的实生变异株系统选育而成的大果型乌梅类杨梅。树势中强，树姿开张，以中短结果枝为主，叶长11.2厘米，宽3.3厘米，叶尖为圆钝，叶边全缘，叶色深绿。果实正圆形，纵径3.32厘米，横径3.45厘米，平均单果重24克左右，果蒂平，肉柱顶端圆钝，成熟果面色泽乌紫，较光滑，可食率94.0%，含可溶性固形物13.0%左右，肉质柔软，品质上乘。产地于6月中、下旬成熟，采前落果少。

9. 晚荠蜜梅

晚荠蜜梅是近年浙江省农业科学院园艺所和余姚市杨梅研究所从荸荠种杨梅中选出的晚熟营养系变异种。树势强健，枝叶茂盛，树冠呈圆头形。叶较大，色浓绿。果实扁圆形，平均单果重13.0克左右，完熟时果表呈紫黑色，富光泽，肉柱顶端圆钝，可溶性固形物含量13.0%，总酸1.0%，可食率95.6%，甜酸适口，品质上乘，鲜食与罐头加工兼优。成熟期晚，比荸荠种杨梅成熟期晚5天左右，产地余姚于7月上旬成熟。该品种结果性能好，一年生嫁接苗种植3～4年后开始结果，6～8年生10～20千克，丰产稳产，抗逆性强，对高温干旱有较强的忍耐力。

二、生态环境要求

(一)环境要求

所谓环境条件是指影响杨梅生长和果品质量的空气、灌溉水和土壤等自然条件。杨梅生产园地应选择生态环境良好，尽量远离工矿企业、废弃物和废旧物资堆放地，以避免有害物质的污染物，园地空气环境质量、灌溉水质量、土壤环境质量必须符合标准，并具有可持续生产能力的农业区域发展。

1. 空气环境质量

空气质量应符合表Ⅱ-1要求。

表Ⅱ-1 空气质量指标

项 目		指 标	
		日平均	1小时平均
总悬颗粒物(TSP)(标准状态),mg/m^3	≤	0.3	
二氧化硫(SO_2)(标准状态),mg/m^3	≤	0.15	0.50
氮氧化物(NO_x)(标准状态),mg/m^3	≤	0.10	0.15
氟化物(标准状态),$\mu g/(dm^2 \cdot d)$ $\mu g/m^3$	≤ ≤	1.8 7	20
铅(标准状态),mg/m^3	≤	季平均1.5	

2. 农田灌溉水质量

灌溉水质量指标应符合表Ⅱ–2 要求。

表Ⅱ–2　灌溉水质量指标

项　目		指　标
氯化物，mL/L	≤	250
氰化物，mL/L	≤	0.5
氟化物，mL/L	≤	3.0
总汞，mL/L	≤	0.001
总砷，mL/L	≤	0.1
总铅，mL/L	≤	0.1
总镉，mL/L	≤	0.005
铬（六价），mL/L	≤	0.1
石油类，mL/L	≤	10
pH	≤	5.5～8.5

3. 土壤环境质量

土壤质量指标应符合表Ⅱ–3 要求。

表Ⅱ–3　土壤质量指标

项　目		pH<6.5 指标
总汞，mg/kg	≤	0.30
总砷，mg/kg	≤	40
总铅，mg/kg	≤	250
总镉，mg/kg	≤	0.30
总铬，mg/kg	≤	150
六六六，mg/kg	≤	0.5
滴滴涕	≤	0.5

(二) 生态要求

1. 温度

杨梅为性喜温暖的亚热带果树,适应性广,耐瘠耐旱,四季常绿。主要分布于我国长江流域。年平均温度在14℃以上,绝对最低温度不低于-9℃,≥10℃年积温在4 500℃以上的山地杨梅均能生长发育,低于界限温度,则杨梅果形小,酸度高,品质差。杨梅栽培的最适宜区,一般要求年平均温度在15～20℃,≥10℃年积温在5 050℃以上。

浙江地处东南沿海,属亚热带季风气候,温暖湿润,四季分明,杨梅主产区的年平均气温在16.3～18.4℃,≥10℃年积温在5 100～5 790℃,由北向南递增,余姚、慈溪一带在5 100℃左右,乐清、青田在5 600℃以上,是杨梅栽培的最适宜区。

(1) 低温的影响。杨梅生长季的绝对最低温度不低于-9℃。当冬季出现日最低温度低于-9℃,日最高气温0℃以下连续天数在3天以上时,就会使杨梅树体严重受冻,并造成大幅度减产,且减产幅度达20%以上。杨梅的花期较桃、杏迟,很少受冻,但杨梅花期耐低温的能力较差,若在花期遇气温0～2℃,花器就会遭冻,大量落花落果、树冠外围结果稀疏,产量下降;若海拔高度700米以上,花期温度低于0℃,东魁杨梅虽有开花,但不能结果。

(2) 高温的影响。高温对杨梅也不适宜。最高月平均温度超过28℃时,会影响结果预备枝的生长和花芽的发育,或是枝细弱、叶小、黄化;也影响花芽分化和发育,使翌年结果量减少,品质变差。特别是烈日照射,常易引起杨梅焦灼枯死。在5～6月份的果实发育至成熟期,若温度高于30℃,会使果实酸度增加,糖分降低,品质下降。所以,在这种高温地区,不适于栽培杨梅。

2. 降雨量和湿度

(1)降雨量。杨梅喜温耐湿。在雨水充足,气候湿润的条件下,杨梅树寿命会很长而且丰产,果实汁多而味甜。一般杨梅要求年降雨量多在1 000 毫米以上，特别是 4～9 月份要求水分较多。4～6 月份春梢生长和果实发育期如水分充沛,则新梢生长健旺,果实肥大,肉柱顶端多呈圆钝,果肉柔软多汁。反之,会使新梢生长缓慢,果形变小,肉柱形尖,汁少味劣;7～9 月份水分供应充足,有利于树体后期生长,能促发新梢,增加叶面积指数，增进光合作用，从而保证了营养物质的积累和花芽分化,为次年开花结果打下基础。以浙江省黄岩地区的东魁杨梅为例,4 月是东魁杨梅的幼果刚形成时期和春梢抽生期，月雨量在 110～116 毫米。凡是多雨的年份,春梢疯长,幼果落果严重;而少雨的年份,春梢不疯长,落果不严重;夏末秋初,是东魁杨梅的花芽分化和花芽发育时期,要求晴朗且较为湿润的天气。这样,既有利于树体的碳水化合物积累,又有利花芽发育。若是出现高温少雨,则会影响花芽分化或花芽发育,致使翌年减产。

浙江省杨梅主产区的平均年降水量在 1 330～1 740 毫米之间,地区差别较大。总的分布特点是:东南沿海偏多,内陆偏少。杭嘉湖宁绍平原、金衢盆地在 1 500 毫米以下,例如余姚、慈溪在 1 400 毫米左右。东南沿海如温州平阳等地,可达 1 700 毫米以上。

(2) 湿度。杨梅在不同的生长时期,对湿度的要求也不同。在花期,杨梅要求晴朗有微风,以便授粉;如花期遇到连续 5 天平均相对湿度低于 70%的天气时,杨梅产量明显下降。在夏末秋初,杨梅要求晴朗,以利于碳水化合物的积累,为花芽发育累积养分;如在 7～9 月份出现高温少雨的天气下,蒸发量很大,空气的湿度太低,对花芽分化产生不利的影响,第 2 年杨梅产量将有不同程度的减少。

空气湿度也影响果实品质。据资料表明:5～6 月份的空气相对湿度与杨梅果实大小、肉柱钝尖、可溶性固形物、糖酸比等品质指标呈显著正相关,适温、高湿(相对湿度 80%以上)地域生产的杨梅比高温、高湿下生产的果形大、肉柱钝、糖酸比高,风味好。

3. 光照

杨梅是喜阴耐湿树种,却需要有一定光照。栽植于北坡或山坳等太阳照射不太强烈地方的树体,由于避免了阳光的强烈直射,树势健壮,寿命长,果实汁多味甜,色泽鲜艳,果实品质也较好。栽植在山顶或南坡,则树势弱,寿命短,果实小,肉柱尖,汁少,品质差。栽植于山岙缓坡地的树体,要比山脊地或孤立小山上的树体长势好,果实品质好。在山间或与其他林木混栽的树体,只要有一定的光照时间或光线透入度,长势和果实产量及品质都较好。因此,杨梅栽植的地点,以北坡、东北坡为最好,西或西南坡不良,南坡也较差。

4. 土壤

栽植杨梅的土壤,以深厚肥沃、排水良好,混以小石砾的沙质黄壤或红壤土,pH 为 4.5～6 的酸性土为适宜。这种山坡上多生有杜鹃花、狼蕨、桃金娘、松、杉、毛竹等酸性指示植物。

土质对杨梅的产量和品质影响很大。据有关人员测定表明,东魁杨梅单位面积产量, 沙黏土地的产量＞沙土地的产量＞黏沙土的产量＞黏土地的产量;在果实风味方面,沙土地和沙黏土地上的杨梅果实风味均优于黏土地和黏沙土地上的杨梅的风味;从根系的生长看:以沙砾土中的根系生长最发达;沙黏土为其次;黏性土最差;从地上部的发育看:沙性土的枝干短缩,树冠矮化。而黏性土的枝梢纤长,树冠偏高。并且黏重土壤种植的东魁杨梅,易感染褐斑病。

5. 海拔高度与坡向

浙江省杨梅主要种植在山区,海拔高度为 20～500 米。随着海拔高度的增加,大气中水汽的绝对含量随之减少,但由于气温降低,空气湿度仍有所增大,海拔高度与杨梅果实糖、酸含量均呈抛物线形关系,海拔 500 米以下、年平均气温 15℃以上的山区及深山山谷蓄水良好的坡地最适宜种植杨梅。浙江兰溪产区海拔 270～440 米范围内,杨梅果实可溶性固形物(TSS)含量较高,可食率较大,品质较佳,海拔过高、过低则品质降低。据资料介绍,随着海拔的升高,杨梅果实的成熟期会延迟,在高海拔的山地,山体相互荫蔽小,太阳光的紫外线辐射强,气温低,风速大,水分蒸发快,土壤含水量较低,树体矮小,果型小,肉柱瘦尖,成熟偏迟。平均海拔每升高100米，平均温度下降0.6℃左右，而年降水量增加60毫米，成熟期延迟0.8天，如在浙江仙居500～700米高山栽种的杨梅，肉柱比低山的短，且肉柱较粗而圆钝，成熟期比50米处推迟4～5天。因此，可以选择不同海拔高度种植杨梅，实行梯度种植，以延长杨梅鲜果的供应期，也可在海拔350～700米的中山区安排中迟熟品种，在350米以下的低山丘陵安排早熟品种。

坡向关系到光照情况和水分分布等气候资源的分配，因此对杨梅的生长和结果有不同的影响。南坡较北坡山地气温高，5~6月平均气温比北坡高0.5～0.8℃，空气相对湿度(RH)低，散射光比例大(东、西坡介于两者之间)，因此，南坡比北坡树体长势弱，寿命短，果形少，肉柱尖，果汁率低，可溶性固形物含量低0.1%～1.7%，单果重小1.35～2.54克，可食率低0.3%～2.6%；北坡因日光暴晒时间短，土壤水分蒸发不严重，能使树体生长良好，果实口感柔软，风味相对比南坡好；东西坡的小气候条件介于南北坡之间，杨梅口感一般好于南坡，差于北坡；西坡与东坡也有差异，一般西坡果实含酸量高于东坡。因此，在选择杨梅栽培地点的时候应挑选北坡地种植。

杨梅生长的坡度大小与生长结果关系不大，但为了便于管理，防止水土流失，减少劳动成本，一般栽种在不超过30度的山坡地，目前浙江省的杨梅主要产区在5～25度之间栽培较多。

三、栽培技术

（一）苗　木

杨梅苗木有实生苗、压条苗、扦插苗和嫁接苗之分。目前生产上应用的苗木主要以实生苗和嫁接苗为主，压条和扦插繁育苗木虽有成功，但生产上尚未推广应用。杨梅实生苗采用种子繁育方式培育而成，其植株根系发达，成活率高，生长快，但结果迟，果实质量差，生产上多用于培育砧木。近年来，一些地方也作为优良的生态树种用于城市绿化，山地造林。杨梅嫁接苗多采用枝接为主，也有根接繁育，其植株能较好地保持母本的优良性状，结果早，果实品质佳，易获得较高经济收入，生产上多用于经济栽培。

1. 实生苗木的繁育

(1) 种子采集与贮藏。

①种子采集。杨梅实生苗的种子一般取自生长健壮的实生成年树，其种子小、发芽率高，但也有市售杨梅食后留下的。从果实中取籽，可把成熟果实置于阳光直射不到的地方，将果实摊开堆积，其高度不超过20厘米，以避免果肉腐烂发酵温度过高而引起种胚死亡。经3～5天后，洗净种子表面的果肉腐烂物，用比重1.15食用盐水除去上浮不饱满瘪籽，再用清水漂洗，晾干。

②种子贮藏。杨梅种子贮藏一般多采用层积沙藏法，即开深30厘米，宽60～100厘米的沟，底部铺沙约6～7厘米，然后放种子一层，此后沙与种子交互层放，最后铺沙一层，上面覆稻草。贮藏期间，要经常检

查，适当翻动，要防止高温、高湿、霉变或湿沙干燥、鼠兽为害。此外，也可用编织袋盛杨梅种子，在室内悬空挂藏。

(2) 播种与管理。播种地宜选排水良好，水源方便，土层深厚，质地疏松肥沃的沙质红黄壤土园地。育苗地切忌连作。一般于 9 月下旬到 10 月上旬整地施肥，每亩翻施厩肥约 1 000 千克。平整完成后，在畦面撒铺一层 10～20 厘米红黄壤新土。每亩播种量因播种方式不同需进行适当调整，一般采用撒播方式亩用量为 800～1 000 千克，采用条播方式亩用量为 260～330 千克。播后稍加压实，使种子嵌入土中，上覆一层 1 厘米厚焦泥灰或黄泥土，然后畦面撒些粉剂杀菌剂，以防苗期病害；同时覆草，使苗床既保湿又不积水，防止土表板结。播种后应立即搭建小拱棚，于 2 月上、中旬种子 70%发芽后，揭开两端薄膜，早上开棚，晚上关闭。4 月中、下旬移苗，在移苗前几天揭去薄膜，进行蹲苗锻炼。

(3) 移苗与管理。苗地翻耕后，做成 1 米宽的畦面，开沟施入基肥，一般亩施腐熟菜饼 150 千克或厩肥 1 500 千克。4 月中、下旬选无风阴天，按株行距 10 厘米×35 厘米移栽，每亩种植约 1.5 万株。植后需压紧土壤，遇土壤干燥时适时浇水。

杨梅小苗对肥料反应十分敏感，移后不能立即施肥，以免导致小苗死亡。待苗长高到 30 厘米左右时，方可施少量速效薄肥，以 1%～2%的复合肥或尿素为好。生产上要做好 7～8 月份抗旱工作，当土壤过于干燥时，应于傍晚引水沟灌，次日清晨及时排除沟内积水，以利苗木正常生长。此外，苗圃地内要及时松土除草，防止土表板结和杂草争夺养分，及时做好病虫害防治。经过精心培育，实生苗当年可达到 50 厘米高度，茎粗 0.6 厘米，可供翌年春季嫁接。

2. 嫁接苗的繁育

(1) 嫁接。

①砧木要求。用于嫁接的砧木应适应当地的气候条件和土壤条件，无检疫性病虫害，经过移栽的 1～2 年生健壮实生苗。当砧木从田间去叶运回室内，嫁接时剪去离地 5～6 厘米处以上部分。当其根颈直径小于 0.5 厘米时，属于不合格实生苗，当年不能嫁接，须再培育 1 年。

②接穗采集。接穗应从良种母本园或选种优株母树上采集。采穗母株须为无病虫害的盛果期植株,选取树冠外围中上部充分成熟,健壮,芽眼饱满的1~2年生枝。接穗一般应随采随接,以提高成活率。

③嫁接时间。生产上杨梅育苗大都采用枝条切接法嫁接,适宜时间为3月中旬至4月上旬,在杨梅树液流动之前。

④嫁接方法。凡数量较多,且用一年生实生苗(小砧)嫁接的,以掘接法(砧木掘起后运回室内嫁接)和切接法为宜;如数量少,多年生的实生苗(大砧)嫁接的,则可采用地接和劈接法。目前各地普遍采用长穗嫁接方法,接穗长度要求8~9厘米,上带10余个芽眼,与砧木接合面削成3~4厘米长的斜面,背面为2~3厘米。

(2) 嫁接苗种植与管理。

①嫁接苗种植。在室内嫁接好的苗木,于室内以沙盖根放置,经数天后种植到苗圃,苗圃地应选择生地,排灌条件良好、土层深厚、质地疏松、有机质含量高的坡地,切忌苗地连作。9月份进行深翻整地,开成宽1.5~2.0米,高0.2米的畦面,栽植前在畦面开沟施入基肥,每亩施入复合肥100千克。

掘接苗按一定的株行距种植,一般株距×行距大约(10~15)厘米×(20~30)厘米,每亩种植1.5~2.5万株。种植后必须培土,将接穗部分用细土全埋。

②嫁接苗管理。

扒土与解缚:采用掘接法的苗栽后,约经20~30天可陆续成活发芽。为使新芽顺利生长,须把盖顶泥土扒开,以顶部2~3个芽能出土为度。随着苗的不断生长,15天后全部扒开嫁接口以上盖土,接口仍与畦面相平。8月份苗新梢老熟时,去除接口绑缚薄膜。

施肥与治虫:苗木成活,新梢普遍长到15厘米时追施速效肥,以每亩30千克复合肥为宜;7月底至8月初施第2次追肥,每亩复合肥用量为50千克。同时,待嫁接芽萌发后,要及时做好虫害防治工作。

除草与整枝:苗圃地要勤除草,减少杂草对苗的养分争夺。9月份,对苗木基部分枝较多的植株,应去除一部分分枝,以集中养分促进增高生长,培养成合格苗木。

排水与灌溉：在6月份梅雨季节和9月份秋涝季节，要防止苗木被淹或畦沟积水，导致死苗或霉根。7～8月份高温干旱季节，及时做好抗旱保苗。

(3) 嫁接苗的出圃与运输。

①苗木质量要求。苗木的质量应符合表Ⅱ-4的规定。

表Ⅱ-4 苗木质量要要求

级 别	干 粗(厘米)	苗 高(厘米)	根 系	检疫性病虫害
一 级	≥0.6	≥40	发达	无
二 级	≥0.5	≥30	发达	无

注：干粗指苗木嫁接口以上抽生的新梢基部2～3厘米处干直径。

苗高指苗木嫁接口至植株顶芽的长度。本标准引自黄岩区地方标准《东魁杨梅系列标准》。

②苗木出圃与运输。为提高杨梅苗木种植成活率，要求起苗到种植的时间越短越好。起苗最好选择无风的阴天，以减少苗木水分蒸发。圃地过于干燥的，在起苗木前一天进行沟灌或畦面浇水，防止因土壤过于板结损伤根系。起苗后要视运输距离扎除全部或部分叶片，短截枝条株高保留25厘米左右，同时要保护好根系。长途运输苗木根部应用黄泥浆醮根，根部用薄膜包成筒状保湿。苗木以50株或100株一捆，每捆应挂有标签，标明苗木品种、生产单位名称、地址、等级、数量、出圃地、日期、执行标准号等标志。

苗木装车时，不能堆压过紧、堆放过高。装车后及时启运，并有防风、防晒、防雨淋等措施。

(二) 建园与栽植

1. 建园

(1) 园地规划。园地选定以后，要作出适当规划，规模成片种植的园地，须将全园划分成若干种植小区，要建立道路系统，便于今后的规

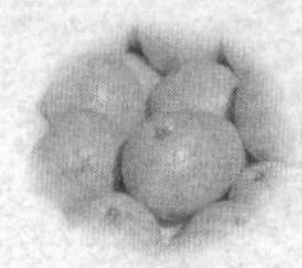

模经营。园地规划中要设防风林系统,山顶和陡坡地要保留林带,防止水土流失。10度以上坡地,需采用梯田等高环山沟或等高鱼鳞坑方式建园。

(2) 品种确定。各产地应根据当地条件和消费习惯,发展地方特色品种和优良品种,注意品种间成熟期的搭配,以适应市场需求。当前可供选择品种中早熟品种为临海早大梅、早色、早荠蜜梅,中熟品种为荸荠种、丁岙梅、大炭梅,晚熟品种为东魁杨梅、晚稻杨梅、晚荠蜜梅等。

2. 栽植

(1) 挖定植穴。定植穴设在离梯田或鱼鳞坑外缘1/3处,一般穴直径为1.0～1.2米,深0.8米,常在秋冬挖穴,然后施足基肥盖土,过冬后春植。

基肥每穴施50千克焦泥灰或10千克草木灰,也可施25～50千克腐熟厩肥,基肥最好与土拌匀。定植时,要避免苗木根系与基肥直接接触。

(2) 栽植密度。应根据当地气候条件、土壤肥力和品种特性及树冠管理技术而定。一般每亩栽杨梅植株16～33株,其株距多为7米×5米、6米×5米、6米×4米、5米×4米等几种,东魁、晚稻杨梅品种可栽植稀些,其他品种可密些。

(3) 栽植时期。在浙江以2月下旬至3月下旬栽植为宜,定植应选无风阴天或小雨天进行,尽量避免干燥天气状况下栽植。

(4) 授粉树配置。杨梅属典型的雌雄异株果树,风媒花。如种植地点没有雄株杨梅时,需要搭配雄株作授粉树,有利于提高杨梅产量和品质,一般以搭配1%雄株为宜。雄株定植位置除注意适当均匀分布外,应尽可能定植在花期的上风口。如产地已有野生雄株,可保留作授粉树。

(5) 栽植方法。杨梅定植不当会导致成活率低下,要提高杨梅种植成活率,关键是要做到:深、实、靠。其方法是:①杨梅苗定植前先检查嫁接部位的包扎物是否解开,如仍包扎的应解开包扎物,防止栽后溢干死苗。②栽植时,将要栽植的苗木,在过磷酸钙或钙、镁、磷肥中蘸根后放入定植穴,苗靠在栽植穴的内壁,扶正苗木,舒展根系,填入表土至嫁接口时，用脚将四周泥土踏实，注意不能伤根，浇足定根水，然后覆盖松土，深度以第一片基叶或第一个分枝点埋入土中为宜。③定植后要注意保持土壤的湿润，可适当地保留一些原有的树木植皮，苗木根际安放大石块或大块草皮泥，增加根际湿度，提高成活率。种植后还应经常检查，发现死株及时补植，使全园杨梅生长基本一致。高温干旱季节要注意灌水和割草覆盖，但初栽杨梅不能浇肥，即使稀薄的肥料也会引起根系腐烂，严重时植株死亡。

（三）土、肥、水管理

1. 土壤管理

（1）土壤改良。

①深翻扩穴。幼树定植后第二年起每年10月向外扩穴，深30～40厘米，宽40～50厘米，同时在穴内施厩肥或土杂肥直到全园翻完为止。

②培土。成年园秋冬季进行土壤改良。山坡地杨梅园，水土流失比较严重，根系很容易暴露在外，培土可以保护根系，扩大根系的伸展范围，一般可隔年或每年进行。

③土壤改良。在土质黏重的杨梅园，常诱发枝叶前疯长以及褐斑病发生，不能良好结果，宜加沙砾土和有机质，以改良土壤通气性，排出过多水分，有利于控制生长，达到良好结果。对瘠薄的纯沙质土或砾质土，易使有效矿质元素流失，生产上要多施有机质或河泥、田土，以提高土壤肥力，提高杨梅产量和品质。

（2）中耕除草。幼树在树盘直径1～1.5米内清除灌木、杂草，一年浅耕松土2～3次，夏季伏旱前地面覆草防旱。

成年树纯杨梅林可用“清耕法”，3月中旬前结合土壤改良进行深翻，采果前清除树冠下杂草，采后中耕松土基本保持无杂草状态。也可采用“自然生草法”，冬季翻土时清除杂灌木和多年生草本植物，任其自然生长一年生草本植物，仅在采收前割去树冠下的草类以便采收，除冬季外终年保持有草状态。

(3) 套种。纯幼树杨梅园可利用行间隙地种植叶、果类蔬菜和药材等低秆作物,禁止种植冬瓜等攀缘类蔓性植物。也可种植绿豆、豇豆等夏季绿肥,在6月中、下旬夏季伏旱来临前刈割,作为幼树夏季覆盖草源和肥料。

2. 施肥管理

(1) 根系特性。杨梅根浅,主根不明显,侧根、须根发达,70%~90%的根系分布在0~60厘米深的土层内, 尤其在5~40厘米的浅土层中最为集中,个别深达1米以上。根系的水平分布约大于树冠直径的1~2倍。此外,杨梅具有菌根,具有固氮作用,因此也有“肥料木”之称。

(2) 需肥特点。

①杨梅果实所需的无机营养成分普遍较低,氮、氧化钾仅为相同重量蜜橘果实的1/2,其中磷和钙的含量特别低。

②未结果幼树的根、枝、叶中无机成分含量,均以氮最高,依次是钾、钙、镁、磷,叶的吸氮量高于枝和根部。就枝龄而言,一年生枝中的氮、磷、钾、钙、镁含量比2~5年生枝高,其中除磷枝龄间差异较少外,其他各元素随枝龄增大而降低。

③成年结果树各器官的无机成分含量,钾:果实>叶>枝、根;氮、镁:叶>果实>枝、根;磷、钙:叶>枝、根>果实。上述情况表明,果实生长发育需钾量较大,其次是氮和镁。目前杨梅产区土壤中氮、磷、钾含量普遍较低,杨梅虽有固氮能力,但固氮量不大,据测算每亩仅固氮1.0~1.7千克。为此在生产上,应注重钾和氮的施用,适当补充硼、锌、锰等微量元素。但要注意成年结果树,在单独使用磷肥或过量施磷时,极易引起缺硼、缺锌及缺钼症状,进而导致枝条缩短、丛生,小叶枯梢,坐果过多,果小而酸,甚至着色不良或果实不能成熟。

(3) 施肥时期。

①杨梅幼树施肥。以促进生长,早日形成树冠为主要目的。生产上为促进根系伸展和树冠迅速扩大,除种植前施足基肥外,在3~7月份的生长季节,应多次施用薄肥,以每月1次为最佳。同时,应增加磷肥施用量,氮、磷、钾的比例大致在1:0.5:1左右。如用含等量式氮、磷、钾的复

合肥，每次每株施0.1～0.15千克，或用尿素、硫酸钾、过磷酸钙的混合肥料，每次每株施0.1～0.2千克即可。因幼树杨梅抵抗力弱，肥料要在土壤含水量充足时施入，否则需溶解后再施入。施肥范围要在主干半径20厘米以外，避免与根系接触。在种植后第2～3年同样施肥，但用量应适当增加。约从第4年开始，树冠初步形成后，采用结果树的施肥方法。

②结果树施肥。应根据杨梅生长和结果的特性来确定施肥时期和用量。如杨梅根系与枝梢的年生长动态，杨梅开花、坐果、硬核和果实成熟期，杨梅花芽分化和发育时期等生长特性。施肥多集中在生长发育期，正常年份应施肥3次：第一次为基肥，每年10月份以腐熟厩肥、堆肥及饼肥为主。如果第2年树体花量较多，可于2月份开花前（即春梢发生前）加施一次速效性花前肥；第二次为壮果肥，在硬核期结束、果实迅速膨大时（大约5月中旬）施入，以满足果实膨大、夏梢抽生和花芽分化发育所需营养，此次肥料以速效氮、钾肥为主；第三次为采后肥，于果实采收后（大约7月上、中旬）施入，以弥补树体结果后的营养消耗，以恢复树势，利于花芽分化。与幼年树相比，要大幅度减少磷肥的施用量，增大钾肥的施用量。增施钾肥，能增大果形和提高品质，尤其是要加大硫酸钾的施用量，不宜施用氯酸钾。氮、磷、钾三要素的比例一般以4:1:5左右为宜，具体施肥量可根据树体的结果量和土壤肥力状况作适当调整。此外，梅农在日常施肥过程中，要注意硼、锌、锰等微量元素的施用。

(4) 施肥方法。杨梅施肥一般按树龄大小，采用下列几种方法。

①盘穴状施肥。主要用于幼树施肥。具体方法是，以杨梅树干为中心，把土壤向四周呈圆盘状耙开，圆盘的大小与树冠外围相当，深度在10～20厘米，耙出的土堆在圆盘外四周，把肥料均匀地撒施在盘内，施后把圆盘四周的土盖回原处。

②环沟状施肥。此法一般用于大树施肥，因为树根分布很广，难以开出面积很大的盘状穴而用环沟施肥。具体方法是，以主干为中心，以树冠外围的大小挖环状沟，沟宽30厘米，深20厘米，将肥料施入环状沟内，与土壤拌匀后盖土。这种方法因挖沟与根系生长方向垂直，使根系断伤较多，应注意挖沟时尽量少伤根。

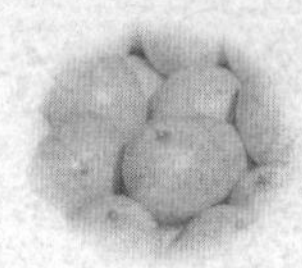

③放射沟状或点穴状施肥。此法用于大树施肥,具体方法是以树干为中心,沿树冠周围的弧形或平衡开挖6～7条深20～30厘米的沟或穴,肥料施入后与土混合再盖土。

环状施肥可与放射沟状或点穴状施肥在不同年份交互使用,这样使肥料更加均匀,减少根系的损伤,有利于根系的再生复壮。

3. 水分管理

水分是杨梅赖以生长结果的基础物质。它主要靠杨梅根系从土壤中吸取水分来供生长发育需要。生产上,杨梅遇到干旱年份,则会出现诸如生长受阻,果实变小,含汁率低,肉柱尖刺明显增多,花芽发育不良等旱灾症状。所以,科学的水分管理是保证杨梅植株生长健壮、高产、稳产的重要技术环节。

在杨梅生产上水分管理需着重抓好以下几个时期:

(1) 幼树生长期。由于幼树种植后根系生长缓慢,如果遇到连续多雨天气造成积水,则会抑制根系生产,导致成活率下降;相反如果种植后遇到干旱气候,特别是夏季高温干旱,则会导致植物因缺水而枯死,严重影响植物正常生长。此时果农应根据情况及时做好排涝或抗旱保苗工作。

(2) 果实膨大期。5月中旬后,杨梅果实进入硬核期,5月下旬至6月初果实开始迅速膨大,此时杨梅如遇干旱气候,则严重影响果实发育,从而导致产量和品质下降。为此生产上应加强地面覆盖降温保墒,同时有条件的地方及时采取灌水措施。

(3) 花芽分化发育期。杨梅采收后,树体枝条即开始进行花芽分化发育,此时在个别年份会遇到高温干旱,降水量很少,空气干燥,明显影响花芽分化发育和结果预备枝的充足,使第二年的产量和品质下降。这也是引起个别地区或个别年份出现杨梅生产大小年严重的重要因素。此时期,生产上果农要注意做好灌水保湿。

有条件的果园可采取人工灌水、控水等措施。目前在浙江省余姚产区,在生产上已开始推广应用喷滴灌水管理技术,取得了良好的生产效果。

（四）整形修剪

整形修剪是杨梅优质、高效生产中的重要技术环节。长期以来，许多杨梅产区广大果农缺乏对树冠管理的正确认识和重视，杨梅树体高大，树形混乱，树冠郁闭，内膛空虚，平面结果，树体结果寿命缩短或成年树结果偏迟等现象普遍存在。通过整形修剪技术的实施，建造合理的树体结构，调节生长和结果的平衡，提早结果期，缩小大小年结果差异，防止结果部位外移，达到丰产、稳产，显著改善品质的目的，实现管理方便，经济效益增加。

1. 杨梅生长结果特性

(1) 生长特性。杨梅雌雄异株，雄株高大，枝叶茂密；雌株由于结果，则较矮小而叶稀疏。同时嫁接繁殖的树势强壮；压条的干矮而分枝多。树冠圆头形，层性现象明显。新梢发生后不久，约有30%～40%的顶芽枝，因邻近枝条的竞争而被迫枯萎。一般嫁接苗从定植后经3～5年开始结果，10年左右达到盛果期，60～70年后逐渐衰退，寿命达100年以上。压条繁殖的开始结果，则依苗的大小而有迟早。实生苗需经10年左右才能结果。

杨梅枝上的顶芽均为叶芽，着生花芽之节无叶芽。花芽圆形、较大，叶芽比较瘦小，在年内冬季即可识别。枝梢除顶芽和其附近4～5芽容易发枝外，其下的芽多为隐芽。隐芽寿命长，遇刺激易萌发。叶芽比花芽的萌动期约迟20余天，萌芽后约15天展叶，同一植株萌芽展叶比较整齐。叶互生，多簇生于枝梢顶端。春梢叶最大，夏梢叶次之，秋梢叶最小，生长亦最慢。雄杨梅叶形小，叶的最宽部在先端，叶脉角度成锐角，叶序为3/8式；雌杨梅叶较大，叶脉角度也较大，叶序为2/5式。叶龄长达12～14个月，抽发春梢前后自然脱落的较多。

杨梅枝梢节间短，雌株比雄株更短。分枝呈伞状，质脆易断。一年抽梢2～3次，春梢一般抽生于前一年的春梢或夏梢上；夏梢多来自当年的春梢和采果后的结果枝抽生，少数在上年生枝抽生；秋梢大部分来自当年的春梢与夏梢抽生。当年生长充实的春、夏梢的腋芽能分化为花芽,可成为结果枝。

(2) 开花结果习性。

①结果枝。杨梅的结果枝依其性质也可分为徒长性结果枝、长果枝、中果枝、短果枝 4 种。

徒长性结果枝:长度超过 30 厘米,其先端着生为数不多的花芽,但开花后多脱落,仅少数结成果实。

长果枝:枝细瘦,长 15～30 厘米,其先端 5～6 芽为花芽,因枝条不够充实,结果率不高。

中果枝:枝长 5～15 厘米,除顶芽为叶芽外,其下 10 余节几乎全为花芽,为最佳的结果枝。

短果枝:枝长 5 厘米以下,最短者仅 1～2 厘米,其下全为花芽,结果也良好。

在 4 种结果枝中,以中、短结果枝结果为主,长果枝结果较少。如小炭梅、大炭梅等以短果枝结果为主,迟色、大炭梅以中果枝为主。

此外,据李三玉等人调查,结果枝占全树总枝数 40%左右时,可望达到连年丰产、稳产;如结果枝数超过 6%时,则大小年结果现象就较明显。

②花。杨梅花小,单性,无花被,风媒花。雄花为复柔荑花序,全树花期长约 40～50 天。花药肾状形,鲜红色,每个花药有花粉 7 000 粒以上,花粉极小,直径为 20 微米,每朵雄花序约有花粉 20～25 万粒。雌花为柔荑花序,每个花序具雌花 7～26 朵,平均 14 朵,花期长约 30 天。

③坐果率。杨梅结果枝上的花序以顶端 1～5 节的坐果率最高,特别是第一节约占总果数的 20%～45%。杨梅落花落果现象比较严重,一般花序坐果率仅约 2%～5%,杨梅自开花后两周大量落花,再过两周又出现一次落果高峰,此后幼果期和果实成熟前的采前落果也比较严重。

2. 整形修剪特点与主要的修剪技术

(1) 整形修剪特点。

①依树势和品种特性而异。如晚稻杨梅等树势强旺的品种,采用缓

和树势的修剪方法,应用拉大主枝和副主枝的枝角,压低辅养枝高度,还可采用环割、环剥等措施;对生长势强,枝条稍稀疏,挂果欠紧凑的东魁等品种,多使用短截,促发枝梢,多占空间,结合多施肥料,成年结果以后再少剪多放的疏删修剪法;对生长势中庸的荸荠种等,则采用生长和结果兼顾的修剪,一部分枝条采取促进生长而另一部分枝梢采取诱导结果的修剪;对生长势弱的品种,多采用先短截后长放修剪法。

②幼年树整形。以除萌、抹梢等夏季树体护理为主,结合拉枝、环割等技术,促使及早形成比较开张的树形。

③老衰树更新。复壮常用短截修剪,低产树和树势过旺树则采用疏删修剪。

④修剪。应按树势和品种特性,并与深翻扩穴、断根、施肥等相结合,才能使修剪技术充分发挥其应有的效应。

(2) 主要的修剪操作技术。

①疏枝。即从枝条基部剪除整个枝条或枝群。主要用于树冠造型,除去过多的主枝;为削弱顶端优势疏除顶部过旺强枝;对过密的辅养枝进行去强留弱的删剪;对主枝、副主枝背面生长的直立枝进行疏剪等。

②短截。即在枝条的中部进行剪断。主要用于骨干枝的延长枝短截,促进枝条加粗生长;促进多发新梢,占据空间部位;促进发生、更新结果母枝;促进衰老树的更新复壮。

③除萌。除去树体上的无用萌蘖。这些萌蘖主要包括主干基部发生的徒长枝,主枝、副主枝以及大型枝群背面发生的过强枝条,都要及时清除,以免树冠内枝条混乱、阳光荫蔽、消耗营养。

④摘芯。在新梢开始生长、组织尚未老化时去除顶部。其作用在于使树冠内空秃部分的徒长枝发生势力较弱的二次枝,进而演变成结果枝;对坐果率低的枝,通过摘芯可以提高着果率和产量。主要用于幼树或生长过旺的大树,通过春梢摘芯,可以减少营养消耗,提高坐果率和产量。

⑤拉枝和撑枝。拉枝是用绳索系在欲拉枝条的中部,把枝条向水平方向拉开,如果不是骨干枝可以拉成水平或比水平还大的角度,绳索的另一端系在地面的木桩上。如果是拉大骨干枝的角度,绳索所系枝条的

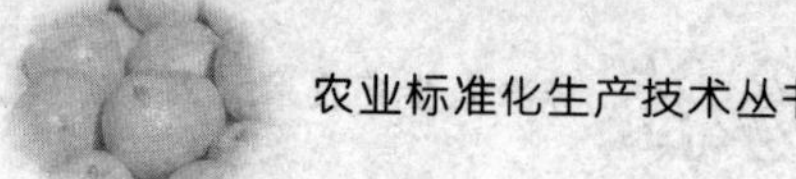

部位要包以柔软的材料，以免擦破树皮。拉枝后要保持主枝和副主枝的先端延长头向上生长，最后成为基角大而梢角小、既拉大角度又保持旺盛长势的状态。撑枝是用坚固的短木条，撑开主枝基部和主干所形成的角度。拉枝容易产生主枝先端下垂而削弱主枝长势的弊病，而撑枝可以避免此缺点。拉枝和撑枝要在一年内进行数次，否则被拉、撑的枝条会返回到原来角度，影响效果。这种方法在杨梅幼年树整形中、初投产树中应用普遍。

⑥环割与倒贴皮。杨梅的青壮年树普遍由于生长过旺，不易形成花芽，或虽形成花芽但坐果率很低，产量不高。通过环割或倒贴皮，使光合作用产物在环割或倒贴皮处的上部积累，这样便能强有力地促进花芽形成和提高坐果率与产量。环割是用刀具在一定部位的枝条上以环状或螺旋状切割，深达木质部，割后不取下韧皮部。倒贴皮是在树枝的特定部位，上下等距离深割皮层一周，然后取出韧皮部，上下颠倒过来后贴回到原来的切割处，再以薄膜紧紧包扎促其愈合。倒贴皮割下的树皮宽度是树枝直径的 1/8 左右，比其他果树所使用倒贴皮要狭一些。环割或倒贴皮以后 2～3 天，伤口即开始愈合，约 7～10 天后其上叶子有些黄化，这是正常现象，不久即可转绿。幼树或过旺树在花期环割以后，使坐果率由 2%～5%提高到 10%以上；6 月份环割或倒贴皮使切口以上枝条形成许多饱满花芽。

在其他果树上较多利用环剥、扭枝或折伤来促进结果，但杨梅因为枝条在环剥以后会引起严重黄化甚至大量死亡，同时杨梅的枝条质地松脆，使用扭枝或折伤会使大量枝条折断，即使生长季节枝条比较柔韧时亦如此，所以均不宜使用。

3. 杨梅树形选择及培养

杨梅树冠自然生长时为自然圆头形、高扁圆形，至成年结果后则渐为半圆形，一般都比较整齐。杨梅抽枝时，多数顶芽及其附近几芽抽生，其下各芽以隐芽状态潜伏，故很有规律，目前生产上整形，通常以自然开心形和自然圆头形为主，树势强旺而较直立的品种则可采用疏散分层形。

(1) 低主干自然开心形。低主干自然开心形的基本结构：主干高5～15厘米，或无主干，主枝3～4个，主枝在主干上分布的角度均匀，间隔距离适当，主枝基角为45～50度。每主枝上配置3～4个副主枝，在主枝、副主枝适当部位配置侧枝和结果枝群，树高控制在3米以下。此方法在台州产区普遍应用。

第一年，苗木定植后，在离地25～30厘米处定干，剪口下20厘米左右为整形带，春季发芽后，将整形带以下抽发的新梢全部抹除，作为主干。在整形带内选留3～4个生长健壮，分布角度和枝间距离适当的新梢作为主枝，其余枝梢过强过密的从基部抹除，剩下的枝梢留15厘米反复摘芯，作为辅养枝，以促进树干肥大充实，留作主枝的枝条尽量使其以45度角向上延伸，任其生长。

第二年，春季萌芽前适当短剪所留主枝先端不充实部分，春梢抽发后，在先端选一生长强壮的作为主枝延长枝，在主枝距主干60厘米左右处的侧下方，选生长势稍弱于主枝的枝梢作为第一副主枝，同一级别的副主枝选留方向相同，当年抽发的新梢进行摘芯，过密的从基部抹除，到秋季，按树形的要求，对主枝、副主枝的方向、角度不当的，要通过撑枝、拉枝、吊枝等措施及时进行调整，保持主枝与主干基角为45～50度。秋季停梢后剪去主枝、副主枝延长枝上不充实部分。

第三年，在主枝上选留第二副主枝，第二副主枝与第一副主枝相隔50厘米左右，同时将第一副主枝上的侧枝留30厘米左右短截，继续调整主枝、副主枝的方向和角度。

第四年，继续延长主枝和副主枝，在距第二副主枝对侧40厘米左右处选留第三副主枝，并在主枝、副主枝上继续培养侧枝和结果枝群，在不影响通风条件下，应尽量多留侧枝，使树冠尽快扩大，尽早进入结果期，通过4～5年培养，优质丰产的低主干自然开心形的培育即可完成。

(2) 自然圆头形。杨梅种植后任其自然生长，在第1～2年的主干上分生主枝，各主枝向四周及顶上自由生长，最后形成半圆头形或圆头形树冠。这种树冠在某种情况下结果尚可。如在排水良好的沙砾质土壤上建立杨梅园，树体的生长总量不大，全树共4～5个主枝，树冠明显矮

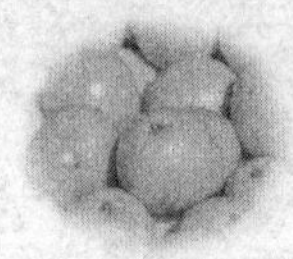

化,树冠通风透光良好,操作方便,省时省工。

为了使自然圆头形树冠获得比较好的结果,应加以人为调整。其办法是苗木定植以后,在适当高处进行短截,其后除保留从主干上分生的4～5个强壮枝条外,其余枝条及早去除;这些保留枝条的基部避免靠近分布在同一个部位上,要使各大枝彼此相隔20～30厘米,并向不同方向发展,避免互相重叠。再在离主干约70～80厘米部位的主枝侧面略偏下的地方留副主枝,避免朝上大枝太多。在大枝间都保留80～90厘米的间隔,以利分生辅养枝,增加结果部位。

对主枝、副主枝以外生长过强的枝,通过控制来缓和长势导向结果。如此经7～8年,即可形成自然圆头形的树形。

(3) 主干形。杨梅树性具有明显的顶端优势,树形高大,直立向上,有着较大的结果潜力。在土层深厚、肥力充足的园地,可以应用主干形的树形,扩大结果部位和增加结果量。在浙江省余姚市梅溪和三七市,常用主干形的树冠,株产达到200～250千克,最高单株产量达到600千克左右。

主干形造型的方法:选粗壮健全苗定植以后,留干高60～70厘米左右修剪。其后发的枝条,最上一枝作为主干的延长枝,其下留3～4个作主枝,向四周开张,删除过多的强枝。第二年在主干顶端的延长枝上60厘米处进行短截,促进其下发生分枝,从中选择3～4个角度较大的斜生枝作主枝。第三年和第四年也同样进行,如此,树干逐年上升,到盛果期,树冠大致不会再升高。

此类树形不再设副主枝,以主干上较多的主枝代替副主枝。在完成整形以后,一树共有10～12个主枝。

杨梅有着强烈的顶端优势,所以主干形的树冠最初为上小下大的圆锥形,很快变成圆筒形,最后变成倒卵形,内部荫蔽,结果部位上升,产量逐年下降。

(4) 疏散分层形。自然开心形等上述三种树形,都有重大缺点,例如自然开心形,虽然光照情况良好,结果期提早,但是在缺少中心领导干以后,会导致树势提早衰退,结果部位缩小,产量不可能很高;自然圆头形和主干形,虽然增加了结果部位,产量较高,但光照不足,进入盛果期以后，骨干枝光秃严重，结果部位缩小，产量下降。疏散分层形，正是为克服上述缺点而提出的造型方法。它克服了杨梅上强下弱、光照不良的缺点，使骨干枝大为减少，结果枝和辅养枝数量增加，上下左右取得平衡，结构合理，增加结果量，改善果实品质，延长经济结果寿命。

疏散分层形的造型方法：第一年定植后在主干高30～40厘米处短截，促进在剪口附近发生强壮枝条。如原来苗木生长粗壮，管理得当，在定干以后的当年抽出4～7条长度在35厘米长的生长枝。这些枝条往往靠得比较近，如果任其自然生长，势必造成大枝过多，内部光照不足。在第一年的整形中选顶端一个枝条为主干延长枝，在其下三个等角方位上，选择基角大而粗壮的枝条，培养成主枝，并拉大主干和中心领导干所夹的角度，最好达到70～90度。主枝的先端朝上，使与中心领导干成45度，其余枝条尽量拉平。在第一层内大辅养枝限留2个，疏散其余大枝，以免树冠内部过分荫蔽，但中心领导干及主枝上的小枝尽量保留，以营养树体，提早结果。

第二年要继续培养中心领导干、主枝及副主枝。为了克服杨梅树冠上强下弱、树冠内部枝条荫蔽的缺陷，中心领导干不宜过粗过长，并且要求弯曲上升，主枝可以粗一些，每节长度可与中心领导干的每节长度等长或略长一些。主枝要笔直伸展，避免弯曲，以利保持旺盛的长势，与中心干的生长取得平衡。

第三和第四两个主枝间的距离宜大，一般保留100～110厘米。如果一年内达不到这个长度则分两年完成。例如当年升高50～60厘米，第二年再升高50～60厘米。此时在这一段的中心领导干上必定要出现大型枝条，必须按辅养枝原则修剪，绝对不能培养为骨干枝，否则会引起内膛枝条的严重荫蔽。第四和第五个主枝的朝向，分别安排在第一层两主枝之间，不要与第一层主枝重叠。

在第三年的整形中要培养副主枝，其办法同自然开心形。

一般来说疏散分层形两层即够，如果土壤及肥水条件特佳者，可设第三层。主枝数量的分配，第一层3个，第二、三层各2～3个。副主枝的数量，在第1～3个主枝上，每个主枝留2～3个，第4个以上的主枝每个留1～2个副主枝即可。第一层主枝上的第一副主枝离主干80～90

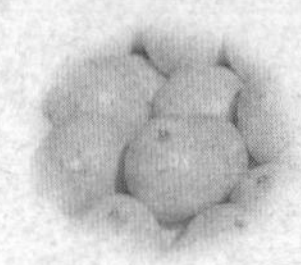

厘米，第二副主枝离第一副主枝 60～70 厘米。第二、三层副主枝的距离可以缩短。

杨梅造型上难度最大的是解决树冠的上强下弱、头重脚轻的问题，它常使造型不能达到预期目的，或完全失败。在疏散分层形的造型中，仅采取以上措施，尚不足以解决实际问题。根据生产实践，必须结合以下措施，才能获得良好的效果，达到预期的目的。

第一，应用转枝换头修剪法，削弱中心主干长势。杨梅有极强的顶端优势，如一直利用顶端一枝作延长枝，必然生长过强，造成下部遮阳，应选择顶枝下面形状较小、略带倾斜的枝条短截，准备培养作中心领导干，对原来的中心领导干用螺纹状环割或倒贴皮和去弱枝留强枝的疏删修剪来抑制生长，促进下面小枝的生长粗壮，待生长趋弱时，则锯去中心主干，以达中心主干曲线上升，促进结果。

第二，严格控制树冠内大型辅养枝长势，也可应用转枝换头技术。在第一和第二层两层主枝间极易发生大量的大型辅养枝，造成严重的树形混乱和光照不足；也有发生在主枝的背面或中心领导干的其他部位。对其中数量太多显得十分拥挤的大辅养枝，可以疏散一部分。如大辅养枝影响下部三主枝光照，但枝条角度大而较软，则用拉枝方法，拉大到≥90 度。如大辅养枝太粗、坚硬，不能下弯时，则基部用倒贴皮（或环割），并疏散其上部强枝。一般性的大辅养枝宜采用疏删顶部强枝，保留下部较弱枝条；对于生长较弱或中庸的辅养枝，它们不会影响下部三主枝生长，都宜保留。通过以上处理，所有这些辅养枝都可削弱长势，促进结果树冠内外光照良好，下层三主枝得到充分发育，长势良好，形成合理的树形。

第三，放长主枝长度，使它长于相应每段中心主干的长度。增加每段主枝的枝叶数，并使主枝头朝上，促进主枝生长达到与中心主干在长势上的平衡。

4. 整形修剪的时期和方法

（1）整形修剪的时期。杨梅系常绿果树，虽不像落叶果树那样有严格的生长期和休眠期，但也有相对生长期和休眠期。杨梅的生长期就地上部而论，约从3月底杨梅芽萌动到春梢、夏梢和秋梢的萌发及停止生长，其间还包括了开花、坐果、果实肥大成熟以及花芽的分化和发育。在该生长期间如放任自由的生长，则会引起枝梢生长混乱，树冠内膛郁闭，大量的同化物质无效消耗。杨梅的休眠期，从当年秋梢生长完全停止以后到第二年春梢萌动以前，约为10月下旬到翌年3月下旬。

①生长期修剪。此期的修剪，属夏季管理工作的重要部分，它是对当年发生的春、夏、秋梢上所做的枝条调整工作。此时期修剪对缓和树势、提早幼树杨梅的结果期有明显的效果。主要内容有：除萌、摘芯、环割或倒贴皮、拉枝、撑枝、疏删或短截等修剪。

因为杨梅春、夏、秋梢在不同时期发生，所以生长期修剪要进行3～4次。杨梅枝条特别松脆，在休眠期修剪很易折断，而生长期树液流动旺盛，枝条有弹性不易折断。

②休眠期修剪。于秋梢生长完全停止至春梢萌动之前进行，浙江大约在10月下旬至次年3月下旬进行，但多数是在2月下旬到3月中旬进行。对于冬季常结冰，易受冻害的产区，则以春季气候转暖以后进行为宜。此外，1～2年生幼树由于移植以后断根较多，组织幼嫩，易受冻，寒冬去除枝叶容易受冻，则尤其应以春季修剪为宜。休眠期修剪的主要工作是疏删、短截修剪和扩大枝条角度等，修剪量较大。休眠期修剪不包含环割、倒贴皮、摘芯、除萌等操作。

多数地区在2月下旬至3月中旬进行，在无冻害暖地，可提至冬季进行。“休眠期”修剪可明显地减少春梢发枝量，对缓和树势、提高坐果率和产量作用显著，但抑制树势程度不及生长期修剪。所以杨梅修剪以生长期修剪和“休眠修剪”并重。

(2) 整形修剪的方法。杨梅幼年树的修剪目的是缓和树势，促使早日形成花芽，及早投产；成年结果树旨在调节生长和结果的平衡，降低大小年结果幅度，提高果品质量。

①侧枝修剪。拉大幼树侧枝角度达80～90度，是促进花芽形成的重要措施，同时结合环割或倒贴皮促花，生长过旺的侧枝可去强留弱修剪，维持侧枝健壮而不徒长。一个侧枝群经3～4年结果后，在适当位置培养更新枝，待原有侧枝衰老、纤细密生及交叉，结果部位远离基枝时，

逐步回缩直至删去,以更新枝代替。

②结果枝修剪。结果枝修剪的主要目的是调节结果与生长的平衡。修剪时将一个侧枝上的结果枝全部留存,而将另一侧枝上的部分结果枝进行短截,促使形成强壮的预备枝,供翌年结果。一般短截全树 1/5 的结果枝;即能萌发足量的翌年结果枝,调节大小年结果作用明显。

③徒长枝修剪。首先从基部删除扰乱树形的徒长枝;发生在骨干枝光秃部位或树冠空缺处,则视具体情况短截,使其演变成侧枝,增加结果部位或补缺树冠。

④下垂枝修剪。长势尚旺和具有结果能力的下垂枝,可用支撑或向上吊缚,继续维持结果;过分下垂的应逐渐剪除,使树冠下部和地面保持 70 厘米左右的距离。

⑤过密枝、交叉枝、病虫枝及枯枝的修剪。出现以上枝条时应及时从基部剪除。

(五) 花果管理

1. 影响落花落果的主要因素

(1) 花序着生部位。杨梅结果枝上的花序以顶端 1～5 节的坐果率最高,特别是第 1 节,约占总果数的 20%～45%。在同一花序上,仅仅顶端中一花发育成一果实,极少数有结两果的。

(2) 花期天气状况。杨梅雌雄异株,为风媒花,靠风传播花粉,开花期间若连续大雾笼罩或遇落黄沙天气,花粉传播就受到影响,雌株不能正常授粉受精,导致当年减产。

(3) 结果枝新梢生长状况。杨梅开花后,第一次落花落果以前,只要花枝顶端不抽春梢,则光合产物集中供应给幼果,坐果率很高,如这种情况下,荸荠种杨梅坐果率可达 15%～25%。但是,如开花的枝条上长春梢,且生长旺盛,导致新梢与花、幼果争夺养分,花果得不到充足养分造成大量的落花落果,春梢抽生越多,坐果率越低,低者在 1%～3%,甚至全部脱落。

(4) 品种与树势。坐果率因品种树势相差较大。如水梅坐果率为5%,荸荠种达7%~8%,晚稻杨梅、荸荠种、东魁等优良品种在后期落果高峰后至成熟采收,基本上都不会发生落果。

(5) 雄株配置比例偏低或无雄株。当雄株比例低于1%或无雄株,则坐果率低。

2. 促花保果

(1) 多效唑促花保果。多效唑是一种生长延缓剂,杨梅上合理使用多效唑,能有效地抑制枝梢的生长,促进花芽分化,显著提高坐果率,并且果大,质优,叶厚色浓,有光泽,但是如果使用不当,往往产生叶片扭曲畸形,降低果实品质,因此在使用多效唑时应掌握以下关键技术:

①使用对象。适用于生长旺盛的初生结果树和少花或少果的青壮树。幼龄树和衰弱树以及结果正常的成年树不能使用,否则会有副作用。此外,生产有机食品、绿色食品的AA级也不能使用。

②使用方法。

喷施:以促花为目的,应在7月上、中旬夏梢长1厘米或8~9月秋梢长1厘米左右时,以喷湿树冠为宜;如果以保果为目的,应在果实直径0.7厘米以上时喷,并且喷药时喷头要小,雾滴要细,从树冠顶部自上往下喷,喷树冠外围嫩梢为主,以喷湿嫩梢但叶片不滴水为度,避免药液过多伤害幼果造成药害。喷施浓度:15%多效唑可湿性粉剂250~300倍液。

土施:秋季10~11月或春季2~3月雨前或雨后施为宜。施用量:依树势、品种、树冠大小而定。一般每平方米树冠投影面积15%多效唑可湿性粉剂使用量为:强树势品种(如东魁)3~5克,中庸树势(如早大梅、荸荠种)2~3克,弱树势(如红梅类等)0.67克左右。施用方法:土施时先将杨梅树冠下滴水线附近的表土扒开,其深度以见细根为度,把经过计算称量好的多效唑可湿性粉剂加30倍细土拌匀,然后均匀地撒施在树盘内,施后覆土即可。

③注意事项。施药量不能随便增大,如用量过多易造成叶片扭缩畸形,花芽分化过多,新梢不能抽发,翌年结果虽多,但果小,成熟期迟,品

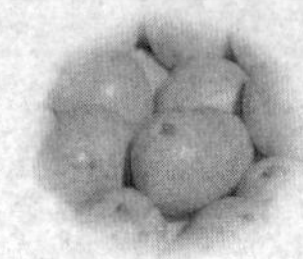

质下降。多效唑在土中残留期长，一般土施 1 次后不能再施用。多效唑应与其他栽培措施相结合，才能发挥更大的作用。

多效唑施用量过多的补救措施。在使用过程中，多效唑使用过多会对杨梅生长结果带来严重后果，因此使用量过多时，应立即对树冠喷洒 0.3%尿素水或 40 毫克/升“九二〇”补救。

(2)断根。旺长树于夏末秋初，在树冠滴水线附近开浅沟，切断部分细根，可以起到促花作用。开花期断根，可起到控梢作用。

(3) 控肥促花保果。因树势旺盛造成少花或坐果率低的，当年可不施或少施氮肥，适当施用钾肥或磷肥，促进花芽分化，提高坐果率。

(4) 摘梢保果。春梢旺发是造成落花落果严重的主要原因，因此花期，结果初期抽发的春梢要及时留桩摘芯，但落果期过后抽发的春梢要保留，否则控梢过重，会影响幼果后期的发育膨大。

(5) 营养保果。在杨梅幼果期喷施含硼、钙、锌为主的微量元素营养液可提高结果率，如在 4 月上旬至 5 月下旬，喷翠康钙宝、翠康液全硼、绿芬威二、三号、复旦复农叶面肥交替使用 2～3 次可有效提高果实的发育质量。

3. 疏花疏果

(1) 疏删短截结果枝。结合冬季修剪，于 10 月下旬至 11 月或次年 1 月下旬至 2 月下旬，对花量过多的大年树，疏删细弱、密生、直立性结果枝，直接减少花量。

(2) 化学疏花。目前应用于杨梅疏花的药剂即石硫合剂。使用浓度：以波美 30 度的原液加水 50 倍，使稀释的浓度约为波美 0.5～0.6 度。使用的时期和方法：在盛花末期，即 75%～90%的花都已谢花时喷射，喷药时喷头要小，雾滴要细，以喷湿树冠但叶片不滴水或部分漏喷为度，不能重复喷射，避免喷药量过多，上部药液滴到下部盛开的花上，使下部的花积集过多的药量而大量落果。化学疏花要针对长势好，花量多的对象树。

(3) 人工疏果。杨梅疏果是克服杨梅结果大小年最有效和最简单的手段之一。杨梅疏果一般分 2～3 次进行，不能一次性疏果过多，否则会加重肉葱病和裂果病的发生。以东魁杨梅为例，第一次在盛花后20天(约4月底至5月上旬)，果实花生仁大小时，疏去密生果、小果、劣果和病虫果，每条结果枝约留4～6个果；第二次在谢花后30～35天，果实横径约1厘米时，再次疏去小果和劣果，每条结果枝留2～4个果；第三次在6月上旬果实发水前定果，平均每结果枝留1～2个果，长果枝(15厘米以上)留2～3果，中果枝(5～15厘米)留1～2果，短果枝(5厘米以下)留1果，细弱枝不留果。也可采用隔枝留果的疏果方法进行疏果，即在果实迅速肥大前的5月中、下旬进行疏果，按6枝果枝，去掉其中3支果枝上的全部果实，在另3枝果枝上每枝留2～3个果实。中果形的早大梅、大炭梅每枝留2～3果，小果形的荸荠种每条留4～6果。做到大年多疏，小年少疏，大年树春梢少，树冠上部应多疏，以疏促梢，小年树春梢多而旺，树冠上部多留果，以果压梢。

(六) 高接换种

1. 高接换种操作技术

(1) 高接换种的时期选择。因地区的气候条件而有差异，其最适宜的时期在浙江省以3月中旬至4月上旬为宜，在福建省应提早到2月中旬至3月中旬，在江苏省南部可以比浙江省迟10天左右。在以上时期以外高接，常影响成活率和接后生长。

(2) 接穗和高接树的选择。

①接穗选择。通过良种鉴定、审定(或认定)的杨梅品种可以作高接的接穗品种。用于高接的接穗应选择树冠中、上部的二年生充分成熟枝条，这种枝条已退绿转为灰色或灰褐色，粗度在0.8～1.2厘米，并且要没有使用过多效唑，否则嫁接后生长停顿。

②高接树的选择。要求用杨梅种范围内的成员，它们可与杨梅亲和愈合良好，包括实生杨梅以及嫁接各种栽培品种的杨梅，如嫁接的水梅、刺梅、红梅等。其年龄最好在15年生以内，根系良好，树皮光滑少损伤。年龄过大的树，再生力弱，要经枝条更新以后再嫁接，一般在高约

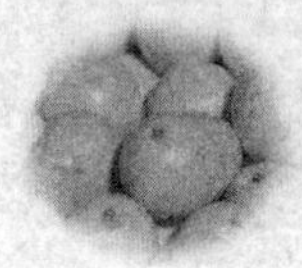

1.5 米处锯断大枝，再抽新枝后在新枝上高接。使用过多效唑的枝不能高接，否则会引起严重的生长障碍。

(3) 高接操作的实施。目前应用最多的是马蹄形切接，全称为马蹄形、长穗、全包膜的多头高接。所用接穗比接小苗要长，一般在 7～10 厘米，其上有 10 个以上叶芽，接穗上削面的长度至少在 2～2.5 厘米，最好达到 3 厘米，要求削面十分平滑。接穗在砧木上的位置，要求考虑到今后形成向四周开张、光照充足的树冠，高接后长成的中心领导干要求直立，而长成主枝、副主枝的枝条斜生朝外保证阳光通透，形成立体结果。为了避免骨干枝光秃，增加结果部位，在骨干枝空档部位要安排接穗，培养作为辅养枝以增加结果部位。接穗与接穗之间的距离应在 50 厘米以上，以免枝条过多造成郁蔽。接穗与中心领导干形成的角度越大，光照越好，结果越佳。嫁接以后，用薄膜包扎全部伤口，成活以后，接穗新枝从膜缝处抽出。

高接的高度及一株树上所接的接穗数目应与砧木的年龄相适应。例如：3～4 年生树，在主枝上高接，高接高度在 40～60 厘米，接穗数 3～4 个；5～7 年生树，在主枝、副主枝、侧枝上高接，高度一般在 80～120 厘米，嫁接 10～15 个接穗，接口直径在 3 厘米以上，一个接口可接 2 个接穗；8～12 年生枝，在高度 150 厘米处嫁接，接穗数 15～20 年，在骨干枝的空档处利用侧腹接，以增加结果部位；20 年生以上处于衰退、生长能力明显下降的大树，高接以后不易成活，或者即使成活但长势很差，高接前要进行枝条的更新，即在高度 1.4～1.6 米处锯断主干、主枝、副主枝，其后在近锯断的部位上抽生新的枝条，选择其中生长粗壮、长势良好、位置适当的枝条，次年可在其上进行高接换种，其余过密枝作适当疏散。

(4) 辅养枝的留法。在高接时砧木上的枝条必须保留一部分，不能完全去掉。这些留下来的枝条通常称为辅养枝，保存这些枝条对杨梅来说比其他果树更为重要。因为杨梅嫁接成活率不高的一个重要原因是杨梅根系十分发达，吸收水分过多，把嫁接伤口的形成层浸泡在水溶液中，冲淡了形成层溶液的成分，严重影响了高接后的愈合和成活。留存的辅养枝除了光合作用制造营养促进伤口的愈合和生长外，还利用蒸腾拉力，把根部吸收的水分大量地吸附到叶子中，然后通过叶子的气孔散发到大气中，保持了嫁接伤口不会溢水，使形成层成分保持稳定，有利于愈合和成活，这成了高接成败的关键之一。浙江黄岩杨梅产区的嫁接能手，通常把留下的辅养枝称为“忽水枝”，其含义在于把根系吸收来的过多水分，通过叶子的蒸腾作用迅速散失在空气中，保证砧穗愈合。

砧木辅养枝的留法，一般宜留在树冠的下部，其数量约占全株总枝量的5%左右。但应视嫁接时期的早晚而有差别，高接时期早，根系吸水量不多，树液流动不旺，辅养枝可以少留；高接时期晚，根系开始大量吸收水分，树液流动十分旺盛，应该多留辅养枝。

2. 高接后的护理

高接后要加强管护，使新树冠尽快育成。

(1) 检查成活率。高接以后20天左右可以检查成活率，如接穗仍保持新鲜或已形成愈合组织即成活，如已干枯即死亡。对没有成活者可以当年补接。或留出1～2年生长强壮的萌枝，到次年春季时进行补接。已成活的接穗芽，从膜缝中钻出，长成新的生长枝；如果被膜裹住无法钻出时，应细心地用刀头挑破薄膜露芽，芽即从洞口钻出，长成新的生长枝。

(2) 换膜。高接树因为根系吸收旺盛，使得嫁接成活以后，枝条快速生长，如不及时松开薄膜，直接影响生长和分枝。要求在8～9月份选择晴朗的日子进行松膜，否则枝条因受压凹陷易折断，而此时砧穗结合尚不牢固，所以要重新包扎以防大风折断枝条。

(3) 除萌。基砧上的芽要及时除去，在萌发旺盛期每隔10天左右清理一次，以免砧木上萌蘖过多、生长过旺、喧宾夺主，影响接穗生长。

(4) 立支柱。杨梅高接以后因根系吸收力强，使接穗生长旺盛，此时经常遭到大风大雨的袭击，但接口愈合尚不牢固，很容易造成折断，因此在接穗上的夏梢抽生以后，针对生长旺的枝条立支柱以防断裂。

(5) 夏季整形。高接树夏季生长旺盛，如对枝条放任不加管理，容易造成大枝直上，树冠荫蔽。应及时摘芯促进分枝，增加结果部位，并使结果部位尽量靠近骨干枝，以利于提早恢复树形、提早投产。第一次摘

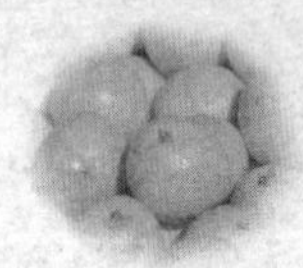

芯一般在梢长约20厘米时进行。第二次是在第一次摘芯后新梢长到20厘米时再摘芯。

(6) 树干保护。对裸露的枝干用裁成4层的报纸或布条、稻草等包扎,或用白涂料剂刷白,以防晒、防日灼。

(7) 及时疏果。在开始结果以后,为了保持生长和结果的平衡,要随时注意调整好叶子和结果数量的比例。以东魁为例,叶子和果实数量的比例为1:50左右为宜,在这种比例下,一般能达到优质和稳产。但果形较小的荸荠种或晚稻杨梅,每果所需扶养的叶片数较东魁为少。

(8) 施肥。根据浙江省黄岩地区的实践,对高接东魁杨梅,采用土壤施肥和叶面喷施并举,即春季施一次速效肥料,株产50千克的树,每株用硫酸钾或复合肥1～1.5千克;夏季从6月中旬至7月中旬,每株施充分腐熟有机肥约20千克,焦泥灰20～30千克,岩土50～100千克。

高接以后,因剪去了大量枝叶,使微量元素大量损失,接着萌发新梢又需要较多的微量元素。在微量元素得不到补足时,常出现较多的微量元素缺乏症状,对此,必须引起重视。在接穗展叶后,在喷播根外追肥的同时喷播微量元素,其效果十分明显。常用的喷肥有高美施600～800倍液,绿芬威500倍液,磷酸二氢钾0.2%液,硼砂0.2%液,硫酸锌0.2%液。这类液剂一般喷播2～3次。

(9) 病虫防治。高接后,新梢易遭褐斑病、卷叶蛾、金龟子等病虫为害,应加强防治。

(七) 低产园改造

杨梅低产园是指树龄在8年生以上的杨梅树,由于管理不当,或管理粗放,土壤肥力不足,树势衰弱,病虫害严重,导致该投产而不投产,产量很低的杨梅园或大小年明显,小年产量极低的果园,这些果园如能加强管理则能很快产生经济效益。

下面就低产园改造的相关内容和技术措施作一介绍。

1. 失管杨梅园改造

(1) 小老树。由于幼苗定植时基肥数量少,甚至没有,定植穴小,因而根系生长不好;或园间树木杂草较多;或由于病虫的危害以及自然灾害的影响,使树体生长衰弱,树冠矮小,发枝能力极差,因而开花结果数量少,这种现象的树称为小老树。具体改造措施如下:

①加强土肥管理: 荒芜多年的杨梅园先要砍净全园地面的杂树及柴草,并利用割下的柴草进行烧灰积肥(要注意防火),待地面重新长出幼嫩柴草时用10%草甘膦30倍液进行除草。到早春(1～2月份)对树冠滴水下范围内进行深翻,深度30厘米左右,并结合深翻施下有机肥(株施草木灰50千克、尿素0.25千克,或腐熟栏肥25千克、尿素0.25千克,或复合肥1～2千克)促进土壤团粒结构的形成,以提高土壤的保肥、保水能力,促进根系和枝梢的发育,早日形成树冠。

②适度加重骨干枝的短截修剪:促使杨梅树体隐芽的萌发,改善树冠的结构,同时配合施用适量的速效性氮肥和钾肥,增强树势,使其早日结果。

(2) 旺长树。此类树一般树冠都很高,高的达5米以上,大枝多,小枝少,大枝且多直立,树冠上端强、下端弱,树冠中下部枝条严重遮阳,内部枝条有枯死现象,光照严重不足,使结果部位上移,果形变小,色淡,品质下降。主要原因是放任生长不进行整形修剪。对这种树冠,宜采取有主干的疏散分层形进行改造。因此对树冠中间直立大枝应去除1～3根,降低树高到3米以下,对周边直立大枝进行拉枝,强枝基部螺旋形环割促进结果,中心主干应用倒贴皮,削弱生长,促进结果。经拉枝后骨干枝上抽发的侧枝,要尽量保留,疏除密生枝,徒长枝;远离骨干枝的侧枝进行回缩修剪,衰老侧枝从基部剪除。还要剪去树冠内的交错枝、过密枝、病虫枝和枯死枝。通过2～3年连续的整形,最后形成立体结果层次明显的丰产树形。

在7月下旬至8月上旬向叶面喷布15%多效唑300倍液, 促使夏梢老熟,控制秋梢抽发,促进花芽分化。杨梅缺硼、缺锌会出现小叶、枯梢和簇叶等缺素症状,应结合6月份施采果肥株施硼砂150克、硫酸锌

150克，并在3月份花期喷施0.2%硼砂+0.3%尿素+0.3%磷酸二氢钾混合液。

（3）衰老树。一般杨梅的经济寿命70～80年，但由于管理不当，或由于病虫害、自然灾害的影响，树体出现枯枝多，叶片稀少，内膛光秃，结果量很少等现象的树，称为衰老树。具体改造措施如下：

①局部更新。当树冠上部已有部分主枝或侧枝枯萎时，应将衰弱或枯死的主枝或侧枝重截，对留下各枝分2～3年更新，这样每年仍有一定产量，树势恢复快。

②主枝更新。当树冠上部空虚、分枝少而纤弱、中下部发生多量萌蘖枝时，可将新枝上部的衰退骨干枝全部截去，并疏除部分新枝，更新后2～3年树冠恢复。

③主干更新。整个树冠几乎已经衰败，但主干仍粗壮健康，可在主干基部截去，促使隐芽萌发成枝，经3～4年树冠可恢复。

杨梅老树更新同一般果树，也需要更新根群配合，树盘土壤要深翻熟化，并施入腐熟的饼肥或堆肥或厩肥、草木灰等，同时拌入适量的过磷酸钙和速效氮，则收效快。

注意锯去大枝的伤口要削平，并涂以接蜡或水柏油保护伤口，促进其早日愈合。综合防治病虫害。秋冬季及时清扫果园，剪除病虫枝、枯枝集中烧毁；春夏防治杨梅叶斑病、杨梅卷叶虫，确保树体健康生长。同时，结合增施有机肥，耕松表土，再生泥培土，促进新梢抽发和根系的生长，重新恢复树冠和产量。

2. 大小年结果树改造

（1）形成大小年结果的原因。导致杨梅大小年结果的原因，是开花结果和枝叶生长失去平衡，还有是由树体内营养元素含量比例的失调，以及杨梅所处的不利生态环境造成。例如，当某年的开花结果数量太多、消耗的养分太多，就无法产生出足够数量的结果预备枝，翌年必定是小年。又如杨梅施用磷肥数量太多时，会形成花芽数量太多，次年非但结果太多，而且所结果实几乎都是酸、小、坚硬的畸形果，失去杨梅的商品价值，同时因发枝量很少，第二年又是结果小年。

杨梅大小年结果与品种和树龄有密切关系。树势强的品种如东魁，大小年的幅度小，荸荠种杨梅、木叶梅就严重；幼龄树由于生长健壮，大小年就不明显，年龄增大树势变弱，大小年现象就变得严重。

不利气候也会引发大小年结果，这主要表现在7～8月份杨梅花芽分化和发育季节水分的供应上。从杨梅生态考虑，在7～8月份杨梅的花芽形成季节，要求降水比较充分，而温度不宜太高；如遇高温干旱，花芽数量明显减少，且花芽不饱满，往往次年结果数量减少。如浙江省的金衢盆地，夏季的降雨少、气温高，大小年的变化程度大，据统计，大小年的变异系数高达0.68。浙江省的温州、台州沿海，7～8月份的降水量丰富，夏秋干旱频率在10%以下，大小年的幅度小，大小年的变异系数在0.19～0.33。可见夏秋干旱严重，大小年幅度增大，夏秋多雨、温度偏低，大小年幅度减小。

为了克服杨梅结果的大小年，当然要选择杨梅适宜地区栽培；在一个地区内，又要选择最适宜的小气候环境，例如选择山的北坡，或土壤保水良好、土层深厚的山坞种植。有条件的也可以用人工灌溉，缩小大小年差异。

(2) 克服杨梅大小年结果的措施。

①整形修剪调整大小年。

冬季修剪：这是针对大小年严重，特别是当年是小年，明后是大年的对象树非常有效，如当年是小年，则杨梅采收后花芽分化增加，至11月可见明显的花芽，这时进行冬季修剪可有效调整杨梅的花量。这就是目前黄岩果农推广使用的冬季修剪法。冬季修剪的时间是秋梢停梢后即可开始，一般是11月至次年2月，越早越好。在剪除病虫枝、枯枝、衰弱枝，疏删密生枝、直立枝后，还要疏剪部分花芽枝，按去弱留强，去密留疏的原则，适量保留无花枝，并短截部分有花强枝，做到一枝一梢，并剪去上顶晚秋梢，有花梢与无花梢比达6:4左右。

夏季修剪：即采后修剪，这是针对大年树的有效修剪法，大年树由于结果多，春梢抽发少，因杨梅的结果母枝以春梢和夏梢为主，春梢不足夏梢补，采果后立即进行夏季大枝修剪可促发夏梢并形成花芽。夏梢修剪的主要内容对多年生枝进行回缩修剪，促进隐芽萌发，抽发壮枝。

拉大主枝和辅养枝的角度，对结果后的弱枝进行适度回缩和疏删。

②看梢施肥。针对东魁杨梅的春梢、夏梢、秋梢都能成花的特性，进行适时适度的施肥。

首先是夏季看梢施肥，万一碰到当年春梢出现花芽偏少或很少现象；当年结果多，春梢少，而且肥力不足，树势较弱的现象，预计下半年少花、明年少果的可能，那就要速施、重施夏肥，在6月底至7月5日前施挪威复合肥0.5～1.0千克（视树冠大小而定），也可以在摘后至7月上、中旬补喷叶面肥，促进夏梢生长形成花芽，力争春梢花芽不足夏梢补。对春梢长势较好，给下年打好基础的，就不需要施氮肥，在5月上、中旬，单施钾肥就行。

其次是秋梢看梢施肥，对花量较多，树势较强的，就不必施秋肥；对花量很多，树势较弱的，可以施秋肥，争取来年春梢再开花，果实优质。在10月下旬至11月上旬施挪威复合肥或草木灰，为了下年结果安全，可以不再施春肥，不得在7月下旬至10月上旬施肥，以防抽长无效梢。

③看梢疏果。针对果树有着上年多结果、下年少花量的特性和杨梅叶果比的要求，一定要进行看梢疏果，本着强树多果、弱树少果的原则，看梢适量留果，如东魁杨梅要求细梢一只、短梢一只、粗梢2只，长粗梢可以2～4只，这样做能达到适度挂果，调节营养平衡，取得下年再多花多果。

④使用植物生长调节剂。调节杨梅开花结果数量的植物生长剂主要是杨梅促花剂（15%多效唑可湿性粉剂）和杨梅疏花剂（石硫合剂），使用方法见“（五）花果管理”。

⑤其他措施。首先要搞好水分供应，对果园的水分进行调节，最主要的是要减少春季雨水的供应，果园开设排水沟，或春季适当断根减少水分吸收。防止杨梅枝叶疯长，造成严重的落花落果。其次要减少夏季高温干旱的危害，有条件的地方实行夏季灌溉，没有条件的地方必须在夏季高温干旱来临前实行生草覆盖，以稳定土壤的温湿度。果园每年实行客土覆盖加厚土层。

（八）灾害性天气防御

1. 台风

杨梅树冠高大，根浅叶茂，枝质松脆，台风暴雨易造成杨梅枝干折断，甚至整株吹倒、连根拔起，2004 年“云娜”台风正面袭击台州黄岩，仅仅黄岩江口一个街道被台风连根拔起吹到远处的就达 4 000 多株。浙江沿海是台风多灾地区，为减轻台风危害，应做好防范工作。

(1) 防御措施。

①建造防风林和推广矮冠树形。

②在台风过境前，对树冠修剪，减少阻力，树体立支柱和培土加固，树冠滴水线内地膜覆盖，有条件的全园覆盖。

(2) 挽救措施。

①及时进行整枝修剪护理。台风过后，要尽早处理被刮倒的树体，由于杨梅树体怕日晒，除被台风整株吹走的树体外，要及时处理好这些部分根被刮断的受损树体。首先用整枝锯回缩大枝，高度一般掌握在 2.5 米以下，再用修剪刀将连接植株的断根剪平，并将断根处的土壤挖松，部分断根挖除，把树体扶直，再用大枝或绳固定，把根重新埋入土中，填上新土并踏实。同时，被锯(剪)去的树体伤口斜面要尽量平整，并用抗菌剂涂抹伤口，以防止伤口日晒裂开或积水霉烂；还要用遮阳网遮盖、用石灰水涂抹或用稻草包扎等措施来保护枝干，以防杨梅树体被日灼。

注意伤根严重的树，不能扶直，保持原状，应抓紧培土护根，并做好树冠剪叶、疏枝，减少叶片水分蒸腾。

②加客土施追肥。部分被暴雨冲刷严重的杨梅园地，特别是在杨梅树冠下，常会出现根群外露的现象，要及时加客土，并追施少量速效肥。客土，最好用狼箕下新鲜的黄泥土或周围的表土。施肥量，应根据树冠大小、品种、生长势等确定，一般每株施入含硫酸钾的复合肥 0.2～0.3 千克或尿素 0.1～0.2 千克，提倡薄肥勤施。有条件的地方，可喷施 0.2%

的磷酸二氢钾,或0.2%的尿素等叶面液肥,以迅速补充养分。喷施叶面液肥的时间宜选择在晴天的9时前16时后。

③防治病虫害。台风暴雨袭击杨梅树体后,对于杨梅褐斑病、赤衣病、蚧壳虫等较严重的产区,要采取“群防群治”的办法。药剂可选用15%的多菌灵800～1 000倍液,或70%的甲基托布津1 000～1 200倍液,或65%的代森锰锌800倍液。喷施时间宜选择在晴天9时前16时后。

2. 旱害

杨梅都在山坡地上种植,目前多数缺乏灌溉条件,5～6月份果实膨大期遇干旱,会影响果实膨大发育,影响产量和品质,至7～8月伏旱期,降雨少,日照强,蒸发烈,土壤严重缺水,加上结果后树体衰弱,导致花量少、花质差,影响翌年产量和品质,尤其南坡和西坡更为突出。所以在建园时,除了选择适于杨梅较耐阴的地形地貌和土层深厚处种植外,同时还要进行深翻改土,多施有机肥以提高土壤保水保肥能力,在园内多开水沟和贮水池,特别6月上旬杨梅着色期如遇干旱要进行人工灌溉或叶面喷水,否则杨梅不能充分着色成熟。其次,要杜绝清耕,实施生草栽培和地面覆盖,可减轻旱灾。

3. 雪害

杨梅树冠高,枝叶多,树冠易积雪,由于枝质松脆,易被积雪压断,导致减产。因此,不管下雪是否停止,一发现树冠积雪,就要摇雪或用细竹竿打落树冠积雪,防止枝干压断冻裂。雪天过后要及时检查树体,遭雪害的杨梅,常因雪压引起枝桠撕裂。应及时将撕裂的枝干扶回原生长部位,用细绳在裂口上部捆绑固定,再在裂口处涂上接蜡,然后用薄膜带包扎。发现压断压裂的枝条要进行修剪与绑扎,并对伤口进行保护。

4. 冻害

杨梅虽然较耐低温,但与种植的海拔高度与栽培水平关系较大,以浙江黄岩为例,杨梅不同年份仍有冻害产生,对杨梅的产量和生长影响较大,可为各地作为借鉴。

(1) 杨梅冻害的几种类型。

①幼年树冻害。幼年树抗冻能力差,特别是施肥过多,秋梢旺发的易冻害,在黄岩海拔 400 米的山地上,-4℃以下的最低温 2 天,秋梢受冻率达 100%,全株冻死达 20%,其原因是施肥过多导致秋梢转绿慢,因此高海拔地区要使秋梢提前老化,摘除晚秋梢,并搞好全株覆盖防冻。

②成年树受冻。在黄岩 500 米以上高海拔山区 1～2 月份最低温 -5℃以下 2 天,杨梅主干、主枝及小枝有多处冻害。症状是枝条开裂,特别是在主枝分叉处,结冰严重,冻害程度大,伤口如不加保护将导致树势衰退,影响产量。

③花蕾期受冻。据调查,在浙江黄岩富山乡(海拔 680 米),2005 年 3 月 12 日出现-1.6℃的低温,此期为东魁杨梅花蕾膨大后期,这时虽然枝叶看不出明显症状,但杨梅结果率较低,减产严重,平均亩产不足 400 千克,减产幅度达 50%。2006 年也有此现象。因此,如果在开花前花蕾膨大期出现-1℃以下的低温,花蕾会出现不同程度的冻害,这在生产上要高度重视。

④开花期冻害。杨梅开花期耐低温能力较差,在 4 月上旬开花时遇北方寒流 0~2℃时,就会造成花器的冻害,大量落花。据在浙江省自然保护区乌岩岭(海拔 900 米以上)、古田山(海拔 700 米以上)考察,花期温度低于 0℃,影响开花受精,虽有大量杨梅生长,但未见结出果实。但当海拔低于以上温度时,又能普遍结果。

(2) 杨梅冻害的预防。

①选择合适的梯度差。梯度发展杨梅,在浙江海拔高度控制在 700 米以内,不要选择山顶迎风口种植,山顶必须营造防风林。

②培土和包树干。为防止杨梅植株根颈部、尤其是幼树受冻,可采用培土和树干包扎的办法。即在树干周围培新鲜疏松的客土 50～100 千克,高 30～50 厘米,再加地膜覆盖,防冻效果较好。或用稻草包扎树干,地面覆盖柴草,可减轻冻害。

③树干涂白保护。用石灰把树干及大枝涂白,对防治主干冻害有一定的作用。

(3) 冻后挽救措施。

①松土保温。解冻后立即在树冠下松土,能保住地温,提高土温,有利于根系生长。

②及时施肥。受冻害的树，要提早施春肥，做到勤施薄肥，并用0.3%～0.5%尿素加 0.2%～0.3%磷酸二氢钾进行根外追肥。

③适时修剪。早春及时摘除冻死的叶片,对冻死的枝条进行修剪,剪除枯死枝，尽量保留有生机的枝叶，对大枝修剪可推迟到 5 月份进行,有利于伤口愈合。同时还要加强病虫害的防治,保护枝干。

5. 水害

杨梅在坡地种植,如山洪暴发和雨后,易受泥石流危害,水土流失严重,造成杨梅根系裸露,重则树体倒伏,果园毁坏。

防止水害的主要措施:一要做好水土保持,保护园内植被,要生草栽培,不能清耕。二要及时排水,防止霉根。三要对树体及时培土与扶正,并加强管理,减轻损失。

四、病虫害防治技术

（一）主要虫害及防治

1. 卷叶蛾类

属鳞翅目卷叶蛾科，幼虫俗称青虫、红虫、丝虫和卷叶虫。为害杨梅树的有小黄卷叶蛾、褐带长卷叶蛾（又称茶卷叶蛾、茶淡卷叶蛾、柑橘长卷叶蛾）、拟小黄卷叶蛾（又称褐带卷叶蛾，幼虫俗称柑橘丝虫）和拟后黄卷叶蛾（幼虫俗称苞头虫、裙子虫）四种。系杂食性害虫，也可为害柑橘、荔枝、茶叶、黄豆等。以幼虫在初展嫩叶端部或嫩叶边缘吐丝，缀连叶片呈虫苞，潜居缀叶中食害叶肉。当虫苞叶片严重受害后，幼虫因食料不足，再向新梢嫩叶转移，重新卷叶结苞为害。杨梅新梢受害后，枝条抽生伸长困难，生长慢，树势转弱。严重为害时，新梢一片红褐焦枯。拟小黄卷叶蛾主要为害杨梅夏梢，幼虫将2～3片嫩叶缀合在一起，钻入叶苞内啃食叶片和嫩芽，致使梢顶焦枯、无法伸展。

（1）形态特征。

小黄卷叶蛾的雌成虫体长约8毫米，翅展宽约17毫米。雄成虫较小。

褐带长卷叶蛾的雌成虫长约9毫米，翅展宽约26毫米，体暗褐色，前翅长方形，暗褐色，翅基有黑褐色斑纹。雄成虫略小。低龄幼虫头部黑色，高龄幼虫头部黄褐色，前胸硬皮板近半圆形，两侧下方各有2个褐色椭圆形斑。卵椭圆形，淡黄色，呈鱼鳞状排列成块，上覆胶质状薄膜。蛹黄褐色，尾端有臀棘8根。

拟小黄卷叶蛾的雌成虫体黄色，长约 8 毫米，翅展宽 18 毫米，头部有黄褐色鳞片。雄成虫较小，前翅后缘近基角处有宽阔的呈方形的黑纹，两翅相并时呈六角形斑点，后翅淡黄色。初孵幼虫体长约 1.5 毫米，老熟幼虫体长约 18 毫米。幼虫头顶沿中线下凹，单眼在头的两侧，每边 6 个。除第 1 龄幼虫头部黑色外，其余各龄幼虫头部均黄色，胸足淡黄褐色。卵椭圆形，呈鱼鳞状排列，淡黄色，上覆胶质状薄膜。蛹纺锤形，黄褐色。雌蛹长约 9 毫米，宽 2.3 毫米，雄蛹长 8 毫米，宽 1.8 毫米。第 10 腹节末端具 8 根卷丝状臀棘，中间 4 根较长，两侧两根一长一短，着生在背面者较长，腹面者较短，但粗细相似。

拟后黄卷叶蛾的雌成虫体长约 8 毫米，翅展宽 19 毫米。静止时，翅外形似裙子，故称“裙子虫”。雄成虫略小。

(2) 发生规律。小黄卷叶蛾在浙江省 1 年发生 4～5 代，以 3～5 龄幼虫在卷叶内越冬。次年春季气温回升至 7～10℃时开始活动为害。除第 1 代发生较集中外，其余各代常有世代重叠现象。多以幼虫第 2 代(5 月中旬至 6 月中旬)、第 3～4 代(7 月上旬至 8 月下旬)为害最为严重。

褐带长卷叶蛾在浙江省 1 年发生 4～6 代，以老熟幼虫在卷叶或杂草中越冬。4～5 月第 1 代幼虫出现，世代重叠。幼虫遇振吐丝下垂，老熟幼虫在缀叶中化蛹。

拟小黄卷叶蛾在浙江省 1 年发生 9 代，世代重叠。以幼虫在卷叶内越冬。每年 4～5 月出现幼虫。幼虫活泼，3 龄后受惊动后常迅速向后弹跳，并吐丝下坠逃脱，老熟后在卷叶内化蛹。成虫日间栖息于叶上，夜间飞翔活动，多在清晨羽化，羽化后当晚即可交尾，产卵于叶表成块状，每雌虫可产卵块 2～3 个。成虫喜食糖蜜，并具有趋光性。

拟后黄卷叶蛾在浙江省 1 年发生 6 代。以幼虫在杂草丛中或卷叶内越冬。5 月下旬幼虫开始食害嫩梢。

(3) 防治方法。

①加强培育管理。及时中耕除草，施有机肥和钾肥，加强通风、透光、修剪，促进树体强健，提高抗逆能力。寻找并人工摘除卵块、幼虫、蛹。冬季清园，剪除虫苞及过密枝，扫除落叶，铲除园边杂草，减少越冬虫口。

②诱杀成虫。用糖酒醋液(红糖1份、黄酒1份、食醋4份、水16份混合而成)或黑光灯诱杀。

③生物防治。利用寄生蜂对卵、幼虫、蛹的寄生,如松毛虫赤眼蜂的寄生率可达90%。利用螳螂、食蚜虻、绿边步行虫的幼虫和成虫、瓢虫、草蛉、食虫蝽象等捕食卷叶蛾的幼虫;利用有益蜘蛛捕食卷叶蛾的成虫。

④化学防治。可选用Bt乳剂500～800倍液或白僵菌制剂喷雾。幼虫始害时可选用40%硫酸烟碱800～1 000倍液,或0.5%藜芦碱醇500～800倍液,或1%苦参碱醇500～700倍液,或0.5%川楝素乳油800～1 000倍液,或30%乙酰甲胺磷乳油600～800倍液,或25%灭幼脲3号乳油1 500倍液喷雾。

2. 蓑蛾类

属鳞翅目蓑蛾科,又称袋蛾,幼虫俗称避债虫、蓑衣虫、袋衣虫、袋皮虫、口袋虫、袋袋虫、背袋虫、背包虫、皮虫和茧虫。为害杨梅树常见的有大蓑蛾、小蓑蛾、白囊蓑蛾和茶蓑蛾四种。系杂食性害虫,主要以幼虫取食杨梅新梢叶片和嫩枝皮,树上幼虫常集中食害嫩叶,并使小枝枯死,甚至全树死去,严重影响杨梅的开花结果及树体的生长。

(1) 形态特征。雌雄成虫均为异形。大蓑蛾的雌成虫长22~30毫米,无翅,足退化,乳白色或淡黄色,胸部及腹末有许多淡黄色茸毛,藏于袋囊中。雄成虫长15～20毫米,翅展宽35～44毫米,前翅近外缘有4～5块透明斑。体黑褐色,具灰褐色长毛。卵椭圆形,淡黄色,长约1毫米。幼虫成长时雌雄异态亦明显:雌幼虫肥大,体长32～37毫米,头赤褐色,腹部黑褐色,各节有横皱;胸部背面灰黄褐色,骨化强,有光泽,具2条棕色斑纹。雄幼虫头黄褐色,中央有一白色的“人”字纹,胸部灰黄褐色,腹部黄褐色。雌蛹长28～30毫米,赤褐色,似蝇蛹状。雄蛹长18～23毫米,暗褐色。护囊长约60毫米,灰黄褐色,护囊外常包有1～2片枯叶,护囊丝质较疏松。

小蓑蛾的雌成虫长6～8毫米,头小,黑褐色,无翅,足退化,似蝇状。雄成虫长约4毫米,翅展宽约12毫米,体、前翅黑色,后翅底面银灰

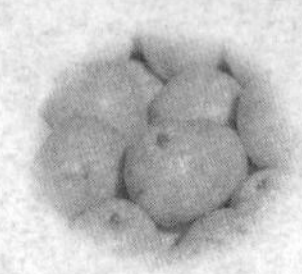

色，具光泽。卵椭圆形，米色，长约 0.6 毫米。幼虫体长 5～9 毫米，头淡黄色，胸部乳白色，腹部各节背板具 4 块褐色斑，有时褐斑相连成纵纹。雌蛹长 5～7 毫米，黄白色。雄蛹长 4～6 毫米，茶褐色。护袋囊长 7～12 毫米，护囊表面附有细碎叶片或枝皮，护囊口系有长丝 1 条。

白囊蓑蛾的雌成虫长 9～14 毫米，淡黄白色，无翅。雄成虫长 8～11 毫米，翅展宽 18～20 毫米，烟灰色或淡褐色，末端黑色，体上密布白色长毛。前、后翅透明，体灰褐色，具白色鳞毛。卵椭圆形，黄白色，长约 0.4 毫米。幼虫体长 25～30 毫米，头褐色，有黑点纹，中、后胸骨化部分成两块，各块都有深色点纹，腹部毛片色深。雌蛹体长 15～18 毫米，淡褐色。雄蛹体长 10～12 毫米，赤或浅褐色，有翅芽。护囊长 30～40 毫米，细长呈纺锤形，灰白色，护囊不附任何残叶与枝梗，完全用丝缀成，丝质较致密，常挂于叶背面。

茶蓑蛾的雌成虫头小，黄褐色，腹部黄白色。雄成虫胸背密布鳞毛，前翅近翅尖处外缘和外缘近中央各有一透明长方形斑。卵椭圆形，乳黄白色。幼虫头部有褐色斑纹。雌蛹胸部弯曲，雄蛹胸部弯曲成钩状。护囊外缀有排列整齐的小枝梗。

(2) 发生规律。大蓑蛾在浙江省 1 年发生 1 代，以老熟幼虫封囊越冬，次年 3 月下旬至 4 月上、中旬开始化蛹，5 月中、下旬成虫羽化。羽化后雌虫仍在囊内，雄虫从护囊末端飞出，与囊内雌虫交配产卵。5 月下旬幼虫孵化爬出护囊分散活动，并咬碎叶片连缀在一起筑新护囊，以 7～9 月为害最严重，至 11 月越冬。

小蓑蛾在浙江省 1 年发生 2 代，以 3～4 龄幼虫越冬。第 1 代于 3 月(气温达 8℃时)开始活动，5 月中、下旬开始化蛹，6 月中旬幼虫孵化。此代虫口少，为害较轻。第 2 代 8 月中旬出现，虫口数多，危害猖獗。幼虫半身依附于叶面，半身在护囊内，食害叶皮、叶肉成红色，早脱落。

白囊蓑蛾在浙江省 1 年发生 1 代，以低龄幼虫越冬。6 月中旬至 7 月上旬化蛹，7 月中、下旬出现幼虫，多在清晨、傍晚或阴天取食，小幼虫仅食叶肉，高龄幼虫吞食叶片，剩留叶脉。10 月上、中旬停食越冬。该虫 7 月中旬至 8 月中旬发生最多，严重时同一叶上 5～6 只，食害下层叶肉成红色，叶早脱落。

茶蓑蛾在浙江省1年发生1～2代，以幼虫越冬。3月开始取食，6～8月发生第1代幼虫。卵产于袋内，孵化出的幼虫从护囊排泄孔钻出，爬到枝叶上或吐丝下垂，被风吹散迁移。头胸露于袋外，护囊挂于腹部取食。

(3) 防治方法。

①生物防治。用每克含100亿个孢子的青虫菌500～1 000倍液喷雾。

②人工摘除虫囊。幼虫为害初期易发现虫囊可人工集中摘除；冬季结合修剪，剪除虫囊并集中烧毁。

③灯光诱杀。利用雄成虫趋光性，杨梅园可挂诱虫灯诱杀蛾。

④蜘蛛网捕杀。保护圆蛛蜘蛛、肖蛛蜘蛛在株间结大网，球腹蛛在株间结小网，网捕雄成虫。

⑤化学防治。在幼虫孵化盛期和低龄幼虫期，以傍晚喷药效果较佳。可选用5%锐劲特悬浮剂1 500倍液，或20%抑食肼悬浮剂400～600倍液，或80%敌敌畏乳油和90%晶体敌百虫各1 000～1 200倍液，或20%杀灭菊酯乳油2 000倍液喷雾，每隔5天喷1次，连喷2～3次。

3. 嘴壶夜蛾

属鳞翅目夜蛾科，又名桃黄褐夜蛾、小鸟嘴壶夜蛾。系杂食性害虫，可为害杨梅、柑橘、桃、梨、葡萄、枇杷等果树。以成虫口管刺入果实吸取汁液，被害果以刺孔为中心软腐或黑色干腐，极易脱落。

(1) 形态特征。雌成虫体长18毫米，翅展宽38毫米，头部棕褐色，腹部背面灰白色，雌成虫触角丝状，前翅茶褐色，有"N"字形花纹，后缘缺刻状。雄成虫触角单节齿状，前翅色泽稍淡。卵近球形，初产时黄白色，后现棕红色花纹，卵壳上有较密的纵向条纹。幼虫老熟时长约44毫米，漆黑色，背面有许多彩色斑点，排成两行。蛹长约17毫米，赤褐色，常有叶片等包在外面。

(2) 发生规律。浙江省1年发生4代，以幼虫或蛹越冬。5月下旬至6月上旬以成虫为害果实，以嘴器刺入，吸取汁液，被害处外观有针头状大小的刺孔，后果实逐渐腐烂或略有凹陷呈黑色干腐。该虫白天潜伏在杂草丛中栖息，晚上出来为害，较难发现。气温10℃时未发现活动，到

16℃活动就多；另外风力在4级以上时，成虫停止活动。

(3) 防治方法。

①点灯诱杀。5月下旬至6月上旬，利用成虫趋光性，点黑光灯诱杀成虫。

②化学诱杀。用瓜果切成小块，在50～100倍乐果中浸半小时后，取出浸入红糖液，然后悬挂在杨梅树上诱杀成虫。

③铲除幼虫食料植物。杨梅园间不套种黄麻、芙蓉、木槿、防己等，4月份铲除杨梅树山上的通草、汉防己、木防己等植物，切断幼虫食源。

④灯光拒避。用金黄色荧光灯拒避，按每公顷果园装10盏灯配置，以减轻为害。

⑤生物防治。保护和利用赤眼蜂、黑卵蜂等寄生蜂。利用蜘蛛网捕成虫。

⑥化学防治。选用5.7%百树得乳油1 000～2 000倍液喷雾。

4. 杨梅小细蛾

属鳞翅目细蛾科。主要为害杨梅，亦为害马尾松、香椿、枫树、蕨类等植物。以幼虫潜伏在叶背取食叶肉，仅剩下表皮，外观呈泡囊状。泡囊初期近圆形，随幼虫长大最后呈椭圆形，似黄豆般大小。透过泡囊上表皮能见小堆褐色或黑色粪粒，叶背受害处呈深褐色网眼状。每个泡囊仅1条幼虫。严重时每叶上可见10多个泡囊，全叶皱缩弯曲，提早落叶，影响树势和产量。

(1) 形态特征。成虫体长约3.2毫米，翅展宽约7.5毫米。复眼黑色。触角长约3.4毫米，黑白相间。头部银白色，顶端有两丛金黄色鳞毛。体银灰色，前翅狭长，翅中后部前、后缘各有3条黑白相间的条纹，其余褐黄色，缘毛较长；后翅尖细，灰黑色，缘毛特别长。足银白色，黑白相间。卵扁圆形，长约0.4毫米，乳白色，半透明，有光泽，上有褐色分泌物覆盖。幼虫体长约4毫米，粗0.7毫米。初龄黄绿色，略扁平，头三角形，前胸宽，黑色有光泽，口器深褐色，胸足3对。以后呈淡黄色，前部宽，后部窄。第6腹节上无腹足。蛹长4毫米，黄褐色，头部两侧各有一只黑色复眼，触角比蛹体略长。

(2) 发生规律。在浙江省 1 年发生 2 代,世代重叠,以老熟幼虫或幼虫在叶上泡状斑内越冬。3 月中旬越冬幼虫在泡状斑内继续取食叶肉,叶背形成网状斑点。3 月下旬,老熟幼虫开始在泡状斑内吐丝形成薄茧化蛹,4 月下旬为越冬代化蛹盛期,5 月上旬至中旬为羽化高峰,成虫寿命 2～3 天。4 月底始见第 1 代卵,卵期 5～7 天。5 月下旬至 6 月上旬为第 1 代幼虫孵化盛期。8 月上旬老熟幼虫开始化蛹,8 月下旬至 9 月上旬为化蛹盛期。8 月底第 1 代成虫羽化产卵,9 月初第 2 代幼虫开始孵化,9 月中、下旬为孵化盛期,幼虫在叶片内越冬或继续为害至老熟越冬。

(3) 防治方法。

①清园。冬季清除落叶,集中烧毁,消灭越冬虫源;危害严重的枝叶,春季结合修剪,剪除烧毁。

②灯光诱杀。利用成虫趋光性,在成虫羽化期,在杨梅园挂黑光灯,诱杀成虫。

③保护利用寄生蜂等天敌。

④化学防治。第 1 代幼虫盛发期刚好是果实采收前,不宜用药防治。而每年 8 月后第 2 代幼虫为害,影响秋梢抽发和花芽形成,应在 9～10 月份用药防治。针对杨梅小细蛾主要分布在树体下部,可选用 20%杀灭菊酯乳油 2 000 倍液,或 25%菌乐合酯乳剂 1 500 倍液喷洒树冠下部,效果较好。

⑤打孔注药。在树干或主枝分叉处打孔,每树 5～7 个孔,每孔注入 40%辛硫磷乳油或 40%乐果乳油 2 倍液 3 毫升,孔外及时用塑料薄膜封口,并用湿泥压覆。

5. 黑腹果蝇

属双翅目果蝇科,又称杨梅果蝇、红眼果蝇。主要在田间为害杨梅果实。当田间果实由青转黄,果质变软后,雌成虫产卵于果实表面,孵化幼虫蛀食果实。受害果凸凹不平,果汁外溢和落果,产量下降,品质变劣,影响鲜销、贮藏、加工及商品价值。有些杨梅主产区的被害果率,竟高达 60%以上,是为害杨梅果实的主要害虫之一。

(1) 形态特征。成虫体型较小,体长 3～4 毫米,淡黄色,尾部呈黑色;头部具有许多刚毛;触角 3 节,呈椭圆形或圆形,芒羽状,有时呈梳齿状;复眼鲜红色,翅很短,前缘脉的边缘常有缺刻。幼蛆乳白色或黄白色,长约 2 毫米。

(2) 发生规律。终年活动,特别在杨梅果实即将成熟时,成虫产卵或胎生幼蛆于肉柱间,繁殖速度极快,世代重叠,历期短,全年各虫态同时并存,无严格越冬现象。在冬季当天气晴朗,气温回升至 10℃以上时,室内外均可见到成虫活动。室温 21～25℃,相对湿度 75%～85%条件下,一世代历期仅 4～7 天,其中成虫 1.5～2.5 天,卵 1～2 天,幼虫 0.6～0.7 天,蛹 1.1～2.2 天。成虫常见于腐败植物及果子的周围,大量产卵于其中。在杨梅果实硬籽着色之前,生果不能成为果蝇的食物,食源条件差,果蝇发生少,并不造成危害。杨梅进入成熟期后,果实变软,果蝇有合适的食物,随之盛发为害,并随着杨梅的采收,果蝇数量下降。杨梅采收后,树上残次果和树下落地果腐烂,有着丰富的食物,又会出现盛发期,而随着残次果及落地果的逐渐消失,虫口又随食物的缺少而下降。杨梅果蝇发生盛期在 6 月中、下旬和 7 月中、下旬两个食物条件极好的时期。以 6 月中、下旬的发生为害造成经济损失。田间每果内虫口数由数头至百头以上不等,老熟幼虫从上午 8～9 时开始逃离果实,钻入土中 3～5 厘米或在枯叶下或在苔藓植物内化蛹,也有在树冠内隐蔽的果面和叶片上化蛹。

(3) 防治方法。

①清洁腐烂杂物。5 月中、下旬,清除杨梅园腐烂杂物、杂草,同时用 50%辛硫磷乳油 1 000 倍液对地面喷雾处理,压低虫源基数,可减少发生量。

②清理落地果。将杨梅成熟前的生理落果和成熟采收期的落地烂果,及时拣尽,送出园外一定距离的地方覆盖厚土或用 30%敌百虫乳油 500 倍液喷雾处理,可避免雌蝇大量在落地果上产卵、繁殖后返回园内为害。或在成熟期前(即 5 月上旬)用低毒低残留的 1.8%爱福丁或阿维菌素喷洒落地果,并及时清理,可有效防治果蝇的发生。

③网捕成虫。保护和利用蜘蛛网,使其在杨梅树间结网,捕捉成虫。

④喷烟熏杀。在杨梅果实硬核着色进入成熟期,用1.82%胺·氯菊酯熏烟剂按1:1兑水,用喷烟机械顺风向对地面喷烟,熏杀成虫,效果较好。

⑤诱杀成虫。利用果蝇成虫趋化性,当杨梅果实进入第一生长高峰期,用敌百虫、香蕉、蜂蜜、食醋以10:10:6:3配制成混合诱杀浆液,每亩约堆放10处进行诱杀,防效显著,好果率达96%。或用敌百虫、糖、醋、酒、清水按1:5:10:10:20配制成诱饵,用塑料钵装液置于杨梅园内,每667平方米放置6~8钵,诱杀成虫。定期清除诱虫钵内虫子,每周更换一次诱饵,效果也较好。

在贮藏期为害杨梅的主要是拟果蝇、高桥氏果蝇和伊米果蝇三种,主要可通过降低温度(贮藏适宜温度为2~5℃)来进行预防。

6. 柏牡蛎蚧

属同翅目盾蚧科。以雌成虫和若虫,群集附着在3年生以下的杨梅枝条及叶片主脉周围、叶柄上吸取汁液,其中1~2年生小枝条虫口密度最高。嫩枝被害后,表皮皱缩,秋后干枯而死;叶片被害后,呈棕褐色,叶柄变脆,早期落叶;树枝被害后,生长不育,树势衰弱,4月下旬至5月上旬出现大量落叶、枯枝,为害严重时杨梅全株枯死,犹如火烧。

(1) 形态特征。雌成虫介壳长形或弯曲为逗点形,前窄后阔,长1.9~2.3毫米,宽0.5~0.8毫米,酱褐色。若虫蜕皮壳2个,位于介壳前端。雄虫介壳长形,长1.0~1.4毫米,宽0.3~0.4毫米,褐色或淡褐色。雌成虫体长形或纺锤形,淡黄色,臀板深色。触角疣状,上有2根长毛和2根短毛。雄成虫体细长,浅淡黄色,长约0.95毫米,展翅宽约0.89毫米。前翅膜质,密生小毛,上有2条脉。后翅退化为平衡棒,顶端有1根钩毛。触角丝状,10节,每节密生长毛,第1、2节粗短,其余各节细长。单眼背腹各1对,顶端膨大。腹末有一交尾器。体毛稀疏地分布背腹两面。初孵若虫长卵圆形,长0.29~0.31毫米,后胸最宽,约0.16毫米。触角5节,每节有毛数根,第1、2节最短;第5节最长,全节有轮纹。在头部顶端的背面有一管腺。眼1对,在头部背面的边缘。口器发达,口针细长。胸气门2对。足粗壮,跗节明显长于胫节,爪1个,爪冠毛1对,顶端膨

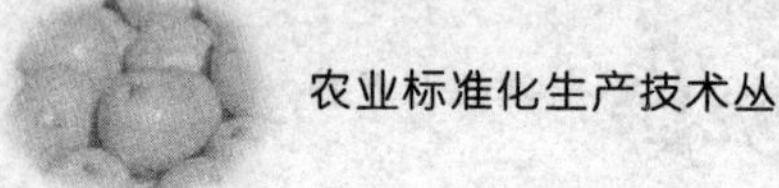

大。2对臀角和缘鬃明显。肛孔小,位于体末端上方之中央。1对尾毛长。

(2) 发生规律。在浙江省1年发生2代,以受精的雌成虫在枝条或叶片上越冬。翌年4月中旬开始产第1代卵,4月下旬至5月上旬为产卵盛期。于5月中旬开始孵化,5月下旬至6月上旬为第1代若虫盛发期,7月上旬结束,主要为害春梢。6月下旬雄成虫始见,7月上旬达到高峰期,与雌成虫交尾后,7月中、下旬雌成虫开始产第2代卵,7月下旬卵开始孵化,8月上旬为2代若虫盛发期,主要为害夏梢。雄蛹初见期为10月中旬,约4～6天后雄成虫初见。交配后以受精雌成虫越冬。

(3) 防治方法。

①保护和利用天敌。保护利用异色瓢虫、黑缘红瓢虫、中华草蛉、蚜小蜂类和跳小蜂类等天敌,实施以虫治虫,控制介壳虫为害。

②清洁果园。春季及时剪去枯死枝及虫口密度高的活枝,集中烧毁,清除杨梅园边杂木杂草,尽量减少中间寄主,减少虫源。每年11月至次年1月,用3～5波美度的石硫合剂喷雾,既可杀死介壳虫,清洁树冠,又可给树体补硫。此外,也可以用99%绿颖乳油200倍液清园。

③化学防治。防治的关键时期是5月上中旬果实膨大前期(第1代若虫期)、采收后的8月上中旬(第2代若虫期)和花芽萌发期前的2月至3月上旬。一般园在果实膨大前期和采收后各喷1次;重发园在3个防治关键期各喷1次(冬季已使用石硫合剂清园的在花芽萌发期前一般不喷药,下同),或者果实膨大前期喷1次,再在采收后每隔15～20天连喷2次;为害特别严重果园除在3个防治关键期各喷1次外,还需在8～9月再喷1次。果实膨大前期用99.1%敌死虫乳油(机油乳剂)300倍加25%扑虱灵可湿性粉剂1 000倍液喷雾防治,采收后和秋季用40%速扑杀乳油1 500倍(或25%喹硫磷乳油800倍液,或50%乙酰甲胺磷乳油800倍)加25%扑虱灵可湿性粉剂1 000倍液(或机油乳剂400倍液)及松碱合剂80倍液。花芽萌发前使用松碱合剂16～18倍液喷雾防治。

7. 杨梅粉虱

属同翅目粉虱科,又称桑粉虱、白虱。系杂食性害虫,可危害杨梅、柑橘、桑、李、梅、柿、茶等树。以幼虫群集在叶片背面吸取汁液，严重时每叶近百头，常分泌大量蜜露等排泄物，从而诱发煤烟病，影响光合作用。导致枝枯叶落，树势衰退，产量下降。

(1) 形态特征。雌成虫体长约 1.2 毫米，黄色。体与翅均覆有许多白粉。头部球形。复眼黑褐色，肾形。触角 7 节，第 1 节小，第 3 节最大。前后翅乳白色，有黄色翅脉 1 条。腹部 5 节，淡黄色。雄成虫体长约 0.8 毫米，翅较透明，尾端有钳状附器。卵圆锥形，初产时淡黄色，后变黄褐色，有金属反光。幼虫体长约 0.25 毫米，体扁平，椭圆形，背面淡黄色，有半透明的蜡质物覆盖，末端背面有乳房状突起，两侧并列 36 根刚毛。喙长，足短小。管状孔呈倒等腰三角形，长大于宽，盖瓣呈倒半圆形，两侧弧线较平直，宽大于长，长度不及管状孔的 1/2。舌状器棒形，末端具 2 根长直刺。其端部 2/5 膨大呈矛状，矛状部露在盖瓣外。腹沟自管状孔下端通达腹末。蛹扁平，椭圆形，乳白色，半透明，复眼鲜红色。

(2) 发生规律。

在浙江 1 年发生 2～3 代，以幼虫在叶背越冬。

(3) 防治方法。

①农业防治。剪去生长衰弱和过密的枝梢，使杨梅树通风透光良好，降低发生基数。

②生物防治。收集已被座壳孢菌寄生的杨梅粉虱叶片，捣烂后兑水成孢子悬浮液，喷洒树冠或与其他杀虫剂混合使用，重点喷洒叶背。粉虱座壳孢菌可寄生除黑刺粉虱外的其余 3 种粉虱。

③化学防治。果实膨大前期(5 月上、中旬)、采收后和花芽萌发期前(2～3 月上旬)是关键时期。一般发生的果园在果实膨大前期和采收后各喷 1 次；严重发生的果园在果实膨大前期喷 1 次，再在采收后每隔 15～20 天连喷 2 次；特别严重的果园除在 3 个防治关键期各喷 1 次外，还需在 9 月中旬用扑虱灵或有机磷农药补喷 1 次。果实膨大前期用 99.1%敌死虫乳油(机油乳剂)300 倍液加 25%扑虱灵可湿性粉剂 1 000 倍液喷雾，采收后和秋季用 40%速扑杀乳油 1 500 倍液(或 25%喹硫磷乳油 800 倍液)加 25%扑虱灵可湿性粉剂 1 000 倍液(或机油乳剂 400 倍液) 及松碱合剂 80 倍液喷雾。花芽萌发前使用松碱合剂 15～30 倍

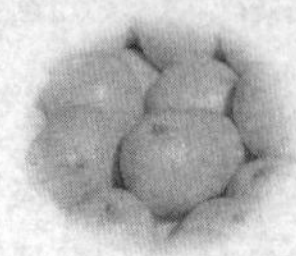

液。注意在采收前约半个月禁用化学农药。

8. 黑刺粉虱

属同翅目粉虱科。为害症状同杨梅粉虱。

(1) 形态特征。雌成虫体长0.9～1.3毫米,头胸部暗褐色,覆白色蜡粉。复眼红色。腹部橘红色或橙黄色。前翅淡紫色,也覆白色蜡粉,上有7个不规则白色斑纹。后翅淡紫褐色。腹末背面有一管状孔。足黄色,腿节和基节微黄色,前足颜色较中、后足淡。触角7节,以第1节最短。雄成虫体与雌体相似,但较小,触角以第4节最短,腹末有抱握器。卵长约1毫米,长椭圆形,稍弯曲,有一短柄,直立附着在叶上。初产时乳白色,渐变为淡黄色,孵化前为黑色。幼虫分3龄。初孵时扁圆形,无色透明,后渐变为灰色至黑色,有光泽,并在体躯周围分泌1圈白色的蜡质,体背上有黄色刺毛4根。2龄幼虫为黄黑色,体背有6对刺毛。3龄幼虫体长约0.7毫米,深黑色,体背上有刺毛14对,体躯周围的白色蜡质增多。蛹长0.7～1.1毫米,近椭圆形,黑色,蛹壳边缘齿状,背部显著隆起,体背盘区胸部有9对刺毛,腹部有刺10对,两侧边缘雌蛹有刺毛11对,向上竖立。

(2) 发生规律。在浙江省1年发生4代,世代不整齐,以2～3龄幼虫在叶背越冬。一般3月中旬化蛹,3月下旬至4月越冬代蛹大量羽化为成虫,随即产卵。在4～11月,各虫态发育重叠。第1、2、3和4代的1～2龄幼虫盛发期大致在4～5月、6月中旬至7月中旬、8月中旬至9月中旬和10月下旬至11月。初羽化的成虫,喜在树冠较阴暗的环境中活动,尤其喜欢幼嫩枝叶。每头雌成虫可产卵10～100余粒,多产在叶背上。卵散生或聚生。

(3) 防治方法。参照杨梅粉虱的防治方法。

9. 蚜虫

属同翅目蚜虫科,主要以成虫或若虫群集在杨梅新梢、嫩茎或幼芽上吮吸汁液,影响杨梅树势,并诱发煤烟病。

(1) 形态特征。无翅胎生雌蚜体长1.3～2.0毫米,有翅胎生雌蚜与无翅胎生雌蚜相似,体黄绿色,翅白色透明,翅痣淡黄褐色。卵椭圆形,长约 0.6 毫米。若虫与成虫相似。

(2) 发生规律。在浙江 1 年发生 8 代以上。以有性卵在枝上越冬。2 月中、下旬至 3 月中旬孵化。1 年中以 4～6 月与 9～10 月发生较多,12 月产卵越冬。

(3) 防治方法。

①农艺措施。杨梅园地不栽棉花、绣线菊;也不与桃、柑橘、茶叶等混栽,避免中间寄主的相互影响。

②冬季清园。去除园边杂草杂木,并结合冬剪(11 月至次年 1 月),剪除被害枝或越冬卵的枝,减少虫源。

③保护利用天敌。保护利用瓢虫、食蚜虻、草蛉、小花蝽、有益蜘蛛、捕食螨、寄生蜂、寄生菌等天敌控制蚜虫发生。

④化学防治。首先要早治、点治,即在蚜虫少数发生时,及早对这些虫枝点治,不要盲目地全树喷药。其次要尽量采用生物性、矿物性农药,高效、低毒、低残留的化学农药。可选用 2.5%鱼藤酮乳油 400～500 倍液, 或 40%硫酸烟碱水剂 800～1 000 倍液加 0.2%～0.3%中性皂混合液,或 0.5%藜芦碱醇 400～600 倍液,或 0.2%苦参碱水剂(蚜螨敌)200 倍液,或 0.65%茴蒿素水剂 300～400 倍液,或 0.6%阿维菌素(齐螨素)3 000～4 000 倍液, 或 25%噻嗪酮可湿性粉剂 2 000～3 000 倍液,或 99%绿颖机油乳剂 100～200 倍液, 或 99.1%敌死虫乳剂 150～200 倍液,或松脂碱 15 倍液,或 10%吡虫啉可湿性粉剂 2 000～3 000 倍液,或 3%啶虫脒乳油 2 000～2 500 倍液喷雾。

10. 天牛类

属鞘翅目天牛科。寄主植物多,为害严重,但为害杨梅的主要是星天牛(又称橘星天牛、花牯牛,幼虫俗称花夹子虫、盘根虫、烂根虫、脚虫、柱木虫、围头虫)、褐天牛(又称牛头夜叉、黑牯牛,幼虫俗称桩虫、牵牛虫、老木虫、干虫)和茶天牛三种。主要以幼虫蛀食杨梅枝干,造成枝干折断或树势衰弱,甚至植株枯死。

(1) 形态特征。星天牛的成虫体长 19～39 毫米,漆黑色,有光泽,

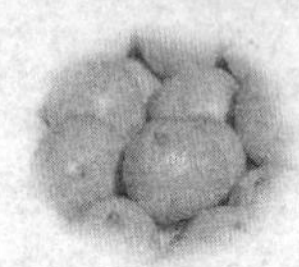

前胸背板有3个明显瘤状突起，鞘翅背面有白色绒毛组成的小斑，每翅约有20个，排列成不整齐的5个横行，似天上的星星，故名“星天牛”。卵长圆形，乳白色，孵化前黄褐色。老熟幼虫体长45～67毫米，淡黄色。蛹长约30毫米，乳白色，羽化前呈黑褐色。

褐天牛的成虫体长26～51毫米，黑褐色或黑色，有光泽，被灰黄色绒毛。头胸背面稍带黄褐色。雄成虫触角超过体长的1/2～2/3。雌成虫触角较身体略短。卵呈卵圆形，长约8毫米，初产时乳白色，后变成黄褐色，卵壳上有网状花纹。老熟幼虫体长46～50毫米，乳白色。蛹乳白色或淡黄色，翅芽长达腹部第3节末端。

茶天牛的成虫体长25～33毫米，灰褐色，具黄褐色绢状光泽，被黄色绒毛。头黑褐色，前胸两侧稍突起，背板具皱纹，鞘翅肩部有下凹刻纹，末端圆形。卵长椭圆形，长约4毫米，乳白色，一端稍尖。老熟幼虫体长30～45毫米，乳白色，前胸背板骨化部分前缘分成4块黄白色斑，前胸腹面密生细毛，各节背面中央均有隆起的泡突。蛹长约25毫米，乳白色，复眼黑色，羽化前为灰褐色。

(2) 发生规律。星天牛在浙江1年发生1代，幼虫为害杨梅树干基部或主根，并在此越冬。成虫于4月下旬开始羽化，5～6月为羽化盛期，交尾后10～15天开始产卵，卵多产在离地3～5厘米的树干上，着卵处皮层隆起裂开呈“L”或“T”形，每只雌成虫可产卵70～80粒。幼虫孵化后在树皮内蛀食，约1～4个月后蛀入木质部，11～12月幼虫停止取食进入越冬。幼虫期长达约10个月。幼虫在树干距地面3～5厘米处皮层蛀食为害，蛀道为沟状，及至地面以下后，向树干基部周围扩展，迂回为害，常因数条虫在树皮下蛀食环绕成圈，至整株枯死。有的在皮层沿根向下为害可达16～30厘米处，转而爬至距地面较近处再蛀入木质部，蛀入孔常位于地面以下3～7厘米或仅在地面以上树干内为害。其成虫也会在树冠内啃食细枝皮层或食叶呈缺刻。一般在晴天上午或傍晚活动，午后高温停息在枝梢上，夜晚停止活动。

褐天牛在浙江2年完成1世代，以幼虫或成虫在枝干内越冬，幼虫期长达15～20个月。7月上旬以前孵化的幼虫，次年8月上旬到10月上旬化蛹，10月上旬至11月上旬羽化为成虫，并在蛹室中潜伏越冬。

8月以后孵化的幼虫需经历2个冬季，到第3年的5～6月份化蛹，8月份以后成虫才外出活动。越冬虫态有成虫、两年生幼虫和当年幼虫。成虫寿命长达1个月以上，交尾后数小时至30余天开始产卵。卵多产于树干30～100厘米的分叉、伤口或树皮凹陷处，每年产数粒。卵期5～15天。

茶天牛在浙江1年发生1代，以成虫或幼虫在被害树干基部或根内越冬。成虫于5月中外出交尾产卵。卵产于近地面的树干皮下，尤其是老树。卵约经10天后孵化，初孵幼虫在皮下取食，不久蛀入木质部，先向上蛀10厘米，再向下蛀道成大而弯曲的隧道，在道口常见到许多蛀屑与粪便堆积。蛀入主根深达30～40厘米。幼虫期约10个月。以幼虫越冬者，9月间化蛹，蛹期24～30天后羽化成虫，成虫有趋光性。

(3) 防治方法。

①枝干涂白。加强肥培，增强树势，枝干涂白，堵塞树干上孔洞，减少产卵。

②定期培土。加强栽培管理，树干根颈部定期培上厚土，以提高星天牛的产卵部位，便于清除卵粒。"清明"前后钩杀幼虫后，于树干根颈部培以厚土，"夏至"前后钩杀幼虫时除去培土。

③人工捕杀成虫。在5～6月晴天中午及午后或傍晚进行。星天牛成虫一般多于晴天中午栖息枝端，在树枝上交尾；褐天牛多于晴天闷热的傍晚在树干基部产卵。同时在附近风景林木和其他害虫寄主植物上觅捕成虫。

④人工钩杀幼虫。"秋分"和"清明"前后，检查树体，凡有新鲜虫粪者，可用细钢丝钩杀幼虫。

⑤生物防治。保护和利用花斑马尾姬蜂、褐纹马尾姬蜂及寄生蝇寄生。或喷洒病原寄生线虫。

⑥人工毒杀幼虫。对蛀入木质部较深的幼虫，先将蛀道内虫粪清除干净，再用脱脂棉球蘸80%敌敌畏乳油或40%乐果乳油5～10倍液，然后将药棉球塞入虫孔；或将磷化钙或磷化锌颗粒塞入虫孔，用湿泥将蛀孔封死毒杀幼虫；或用兽用注射器注入油药(以煤油2份、敌敌畏1份、水20份配制)，用泥土封住虫孔，毒杀幼虫。

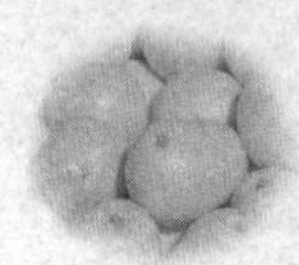

11. 小粒材小蠹

属鞘翅目小蠹虫科齿小蠹亚科材小蠹属的食菌小蠹，是杨梅蛀干害虫。系杂食性害虫，主要为害杨梅、无花果、苹果、山核桃等果树。盛产树被害后迅速枯死，且成连片状扩散蔓延，为害率达10%左右，造成当地果农巨大的损失。

(1) 形态特征。雌成虫体长2.3～2.5毫米，黑色。雄成虫体长1.7～2.2毫米，棕褐色。成虫长圆柱形，体表被稀疏的茸毛。成虫前胸背板长大于宽，前部2/5具稀疏的颗粒状瘤和金黄色短毛，后部3/5具微弱的刻点。鞘翅长度约为前胸背板长度的1.7倍，后部1/4呈斜坡形；刻点排列成行，坡面第1和第3沟间刻点成粒状和具短毛，第2沟间刻点消失和无短毛。

(2) 发生规律。在浙江1年发生3～5代，每年8～9月份出现，羽化后，两性成虫离开原先生长发育的坑道，在外面或者入侵到新树后进行交配，共同筑造新坑道。坑道不分母坑道与子坑道，只有1个穴状的共同坑，深入木质部中，亲代和子代在穴中共同生活。专门为害离地面50厘米以内的杨梅主干部以及离地面20厘米以内的一级主侧根部。该虫飞行能力弱，爬行慢，有3对锋利的挖掘足。利用挖掘足在木质部或韧皮部纵横蛀成黑色的约2～3.5毫米大小的虫道，树皮外面只发现少量的较细的木屑。全年均可见到成虫，成虫蛀成虫道后，虫体带有真菌，在虫道里大量繁殖，起先呈白色一层菌丝，后变成黑色。菌丝成为小蠹虫的主食，同时分泌有毒物质，在木质部扩散，使木质部变褐色并发出臭味，此时树体很快死亡。当树体外少量发现木屑时，当年树势明显衰弱，次年即枯死，死亡率极高。

(3) 防治方法。

①预防为主。在冬春季对树干进行涂白，或在8～9月份成虫侵入期对树干喷48%乐斯本乳油1 000倍液，2～3周喷1次，可预防成虫的入侵。

②对已受虫害的树木，于每年3月份用40%乐斯本乳油加防水涂料5～10倍涂刷主干受害部，可快速杀死树体主干内的小粒材小蠹，能

使受害初期、木质部尚未全部褐变的杨梅树康复,但对木质部已全部褐变的杨梅树,则无法康复。

12. 黑翅土白蚁

属等翅目白蚁科。系杂食性害虫,大多以啃食树势衰弱的杨梅树的主干和根部,并筑起泥道,沿树干通往树梢,损伤韧皮部和木质部,使树体的水分和营养物质运输受阻,致使地上部的枝叶脱落黄萎。如果木质部受害,则全树枯死。

(1) 形态特征。白蚁是社群性昆虫,有蚁后(雌蚁)、蚁王(雄蚁)、兵蚁和工蚁之分。工蚁是蚁巢中的劳动者。工蚁体长 10～12 毫米,翅长 20～30 毫米,黑褐色;蚁后体肥大,长 50～60 毫米,专门产卵;兵蚁的头较阔,宽为 1.15 毫米以上,上颚近圆形,左右各有一齿,以左齿较强且明显。

(2) 发生规律。每年 4～10 月是白蚁的活动为害期,当气温达到 20℃以上时,白蚁就外出觅食为害。5～6 月有翅白蚁繁殖分飞,交配或分巢。11 月至次年 3 月为越冬期。在老的巢群中,每年都能形成一定数量的有翅白蚁成虫。这些有翅白蚁成虫在一定时间后便在雨后、黄昏时,分别自老巢中集群飞出,而后雌雄结合觅地,形成新的巢群,进行分群,即行交尾、筑巢和产卵。蚁后产卵量惊人,常年产卵量在 100 万粒左右。

(3) 防治方法。

①清园减少蚁源。及时清除园边杂木,挖去树桩及死树,以减少蚁源,降低为害率。

②点灯诱杀。有翅白蚁有趋光性,在 5～6 月闷热天气或雨后的傍晚,待有翅白蚁飞出巢时,点灯(黑光灯)诱杀。

③扑灭蚁巢。白蚁越冬期,找到通向蚁巢的主道后,用人工挖巢法,或向巢内灌水法、压杀虫烟法整巢消灭,通常以压杀虫烟法效果好。

④人工诱杀。常年 4～10月,在白蚁为害区域,每隔 4～5 米定一点,先削去山皮、柴根,挖深×长×宽为 10 厘米×40厘米×30厘米的浅穴,再放上新鲜的狼萁等嫩草和松树针叶,其上压土块或石块,以后隔 3～4 天

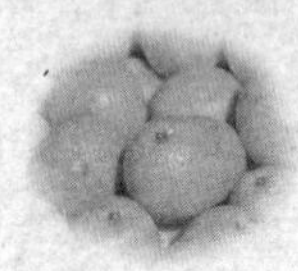

检查一次,如发现白蚁群集,立即用白蚁粉喷撒,集中灭蚁。也可用甘蔗粉拌白蚁粉,用薄纸包成小包,放在杨梅树蔸边,上盖薄膜,再盖上嫩柴草,引诱白蚁取食。还可寻找为害杨梅树上蚁道,发现白蚁后即喷少量白蚁粉,使其带毒返巢,共染而死。白蚁粉的配制:一种是亚吡酸46%、水杨酸22%和滑石粉32%,另一种是亚吡酸80%、水杨酸15%和氧化铁5%。

⑤化学防治。将配好后的白蚁粉装入洗耳球或喷粉胶囊中,对准蚁路、蚁巢及白蚁喷撒。也可直接用亚吡酸、水杨酸或灭蚁灵对准蚁路、蚁巢喷杀。白蚁严重的果园,在白蚁活动期用白蚁粉诱杀或用40.7%毒死蜱(乐斯本)乳油20～40倍液拌土毒杀。根据白蚁相互吮舐的习性,使其导致整巢白蚁死亡。

⑥拒避白蚁。利用天王星有多年的药效,将杨梅的根基泥土耙开,浇上2.5%天王星乳油600倍液加1%红糖的药液,每株约浇液15千克,然后覆回泥土。

另有一种黄翅大白蚁(*Macrotermes barneyi* Light),体形稍大,并且翅呈淡黄色,其他形态同黑翅土白蚁,两者统称土栖白蚁,其防治方法相同。

13. 白蛾蜡蝉

属同翅目蛾蜡蝉科,又名白鸡、白翅蜡蝉。系杂食性害虫,可为害杨梅、茶树、柑橘、荔枝、龙眼、桃、李、梅、石榴、无花果、梨等树。以成、若虫吸食枝条和嫩梢汁液,虫株率达85%以上,每株虫口50头以上,使其生长不良,叶片萎缩而弯曲,重者枝枯果落,影响产量和质量。排泄物可诱致煤烟病发生。

(1)形态特征。成虫体长19～21.3毫米,碧绿或黄白色,被白色蜡粉。头尖,触角刚毛状,复眼圆形,黑褐色。中胸背板上具3条纵脊。前翅略呈三角形,粉绿或黄白色,具蜡光,翅脉密布呈网状,翅外缘平直,臀角尖而突出。径脉和臀脉中段黄色,臀脉中段分支处分泌蜡粉较多,集中于翅室前端成一小点。后翅白或淡黄色,半透明。卵长椭圆形,淡黄白色,表面具细网纹。若虫体长8毫米,白色,稍扁平,全体布满棉絮状蜡质物,翅芽末端平截,腹末有成束粗长蜡丝。

(2) 发生规律。在浙江1年发生2代,以成虫在枝叶间越冬。翌年2～3月越冬成虫开始活动,取食交配,产卵于嫩枝、叶柄组织中,互相连接成长条形卵块,产卵期较长,3月中旬至6月上旬为第1代卵发生期,6月上旬始见第1代成虫,7月上旬至9月下旬为第2代卵发生期,第2代成虫9月中旬始见,为害至11月陆续越冬。初孵若虫群聚嫩梢上为害,随生长渐分散为3～5头小群活动为害。成虫、若虫均善跳跃。

(3) 防治方法。

①加强检疫。对调运的寄主植物及其产品必须严格检疫以防止传播蔓延。

②人工控害。成虫盛发期,树上出现白色绵状物时,人工用木杆或竹竿触动树枝致若虫落地后杀灭。

③生物防治。保护和利用瓢虫、螳螂、蜘蛛、草蛉等天敌,对控制白蛾蜡蝉为害具有较好的效果。

④疏密枝。生长季疏除过密的枝条及产卵枝,改善通风透光条件及减少若虫孵化量。冬季结合果园修剪清除有虫枝叶,减少虫源,降低虫口密度。

⑤化学防治。可选用50%马拉硫磷乳油1 000倍液,或80%敌敌畏乳油1 000倍液,或5%来福灵乳油以1:7 500倍液进行大面积喷雾防治(1千克来福灵加40克洗衣粉或5毫升柴油)。以上药剂任选一种,如果配合苏云—阿维菌素一起防治,效果更佳。视虫情隔7～15天重复喷雾1次,能起到较好防治效果。蜡蝉若虫跳跃性较强,易向周边蔓延,要注意联防联治。

14. 绿尾大蚕蛾

属鳞翅目大蚕蛾科,又称水青蛾、长尾月蛾、绿翅天蚕蛾。系杂食性害虫,可为害苹果、梨、樱桃、葡萄、枣、银杏等果树。在我国分布广泛。以幼虫食害叶片,低龄幼虫食害叶片成缺刻或孔洞,稍大便把全叶吃光,仅残留叶柄或粗脉。

(1) 形态特征。成虫体长32～38毫米,翅展宽100～130毫米。体

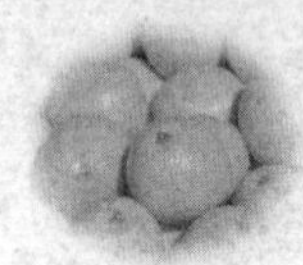

粗大,体被白色絮状鳞毛而呈白色。头部两触角间具紫色横带1条,触角黄褐色、羽状;复眼大,球形、黑色。胸背肩板基部前缘具暗紫色横带1条。翅淡青绿色,基部具白色絮状鳞毛,翅脉灰黄色较明显,缘毛浅黄色;前翅前缘具白、紫、棕黑三色组成的纵带1条,与胸部紫色横带相接。前、后翅中部中室端各具椭圆形眼状斑1个,斑中部有一透明横带,从斑内侧向透明带依次由黑、白、红、黄四色构成,黄褐色外缘线不明显。腹面色浅,近褐色。足紫红色。卵扁圆形,直径约2毫米,初绿色,近孵化时褐色。幼虫体长80～100毫米,体黄绿色、粗壮、被污白细毛。体节近六角形,着生肉突状毛瘤,前胸5个,中、后胸各8个,腹部每节6个,毛瘤上具白色刚毛和褐色短刺;中、后胸及第8腹节背上毛瘤大,顶黄,基黑,他处毛瘤端蓝色,基部棕黑色。第1～8腹节气门线上边赤褐色,下边黄色。体腹面黑色,臀板中央及臀足后缘具紫褐色斑。胸足褐色,腹足棕褐色,上部具黑横带。蛹长40～45毫米,椭圆形,紫黑色,额区有一浅斑。茧长45～50毫米,椭圆形,丝质粗糙,灰褐至黄褐色。

(2) 发生规律。1年发生2代,以茧中蛹在近土面的树枝或灌木枝杆上越冬。翌年5月中旬羽化、交尾、产卵。卵期10余天。第1代幼虫于5月下旬至6月上旬发生,7月中旬化蛹,蛹期10～15天。7月下旬至8月为一代成虫发生期。第2代幼虫8月中旬始发,为害至9月中、下旬,陆续结茧化蛹越冬。成虫昼伏夜出,有趋光性,日落后开始活动,21～23时最活跃,飞翔力强。卵喜产在叶背或枝干上,有时雌蛾跌落树下,把卵产在土块或草上,常数粒或偶见数十粒产在一起,成堆或排开,每雌可产卵200～300粒。成虫寿命7～12天。初孵幼虫群集取食,2、3龄后分散,取食时先把1叶吃完再为害邻叶,残留叶柄,幼虫行动迟缓,食量大,每头幼虫可食100多片叶子。幼虫老熟后于枝上贴叶吐丝、结茧、化蛹。第2代幼虫老熟后下树,附在树干或其他植物上吐丝、结茧、化蛹、越冬。

(3) 防治方法。

①人工防治。5月下旬至8月中旬经常巡视果园,人工捕捉幼虫。秋后至发芽前清除落叶、杂草,并摘除树上虫茧,集中处理。

②灯光诱杀。在成虫羽化盛期,可利用其趋光性强的习性,用黑光

灯诱杀成虫。

③化学防治。幼虫孵化盛期及3龄幼虫前为最佳防治时期。此时幼虫只在树冠外围部分枝条嫩叶上取食，可选用2.5%敌杀死乳油2 500倍液，或40%乐果乳油800～1 000倍液喷雾。

15. 蚱蝉

属同翅目蝉科，俗称知了。全国各地均有分布，系杂食性害虫，可为害杨梅、柑橘、荔枝、梨、桃和枇杷等多种果树。以成虫在枝条上产卵造成危害，幼树受害较重。成虫除刺吸果树枝干上的汁液外，还将产卵器插入枝条和果穗枝梗组织内产卵，造成许多机械损伤，严重影响了水分和养分的输送，致使树势衰弱，受害枝条枯萎。

(1) 形态特征。成虫体长38～48毫米，翅展宽125毫米。体黑褐色至黑色，有光泽。复眼突出，淡黄色。卵长椭圆形，长2.4～2.5毫米，淡黄白色，有光泽。末龄若虫体长约35毫米，黄褐色或棕褐色。前足发达，有齿刺，为开掘式。

(2) 发生规律。3～5年发生1代，以卵在寄主植物组织内和若虫在土壤中越冬。越冬卵于次年6月孵化为若虫，落地入土，在土中生活。越冬后的末龄若虫，在翌年初夏雨后的夜晚出土爬上果树，攀附在树干、枝叶上或其他适宜的部位，不久即可羽化为成虫。羽化时蜕出最后的一层皮(称“蝉蜕”)，仍留在原若虫的攀附处。每年4月底至9月可见成虫发生，8月为成虫盛发期，成虫喜欢在树干上群集鸣叫，一旦受惊即迅速飞逃。6～7月为产卵盛期，卵多产于直径为4～5毫米的当年生枝条上。产卵时将产卵器插入枝条组织内，形成卵窝10多个，卵窝沿枝和梢纵列或不规则螺旋状向上。卵期约300多天。雌成虫寿命60～70天。

(3) 防治方法。①剪除卵枝，消灭虫卵。结合冬季修剪，将所有的卵枝剪除，然后集中烧毁，可以将蚱蝉的为害消除于萌芽之前，减少虫源基数，经过几年这样的努力，可将蚱蝉控制到为害程度以下。

②人工捕捉幼虫。于6月下旬在树干基部距地面30～40厘米处用塑料胶带缠裹一圈，胶带光滑面向外，同时对整个果园进行清理，首先是清除园中杂草，其次是切断一切除主干外树冠与地面联系的物体。在

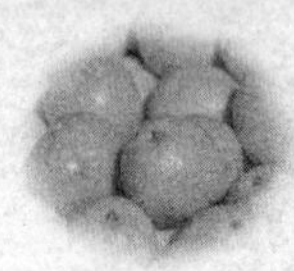

蚱蝉出土期(6月下旬至8月上旬)的每日傍晚开始对出土幼虫进行人工捕捉。每天19时至次日2时为蚱蝉幼虫上树期,蚱蝉爬到胶带处便爬不动,只需以手电逐行逐株检查胶带下方即可,捉起来较为简单。

③生物防治。注意保护果园中螳螂、麻雀、白僵菌等天敌。

④化学防治。对虫口密度较大的果园,在成虫盛发期,可选用20%灭扫利乳油1 500倍液,或2.5%功夫乳油2 000～2 500倍液,或40%辛硫磷乳油800倍液在早上或傍晚喷雾。

(二)主要病害及防治

1. 杨梅癌肿病

杨梅癌肿病又称杨梅溃疡病,俗称杨梅疮。主要为害杨梅树干和枝条,尤以2～3年生枝梢受害严重,是杨梅枝干上为害最严重的病害。

(1) 为害症状。初期病部产生乳白色的小突起,表面光滑,逐渐增大形成表面粗糙的肿瘤。小枝被害后,形成小园球状(如樱桃)的肿瘤,造成肿瘤以上的部位枯死;树干被害后,树皮粗糙,凹凸不平,呈褐色或黑褐色的木栓化坚硬组织。肿瘤大小不一,小的直径只有1厘米;大的可达10厘米以上。一个枝上的肿瘤少者1～2个,多者5～8个,一般在枝节部发生较多。常因营养物质运输受阻而导致树势早衰,严重时还会引起全株逐渐死亡。

(2) 发病规律。病原为丁香假单胞萨氏亚种杨梅致病变种,是一种细菌性的枝干病害。主要在树枝上或果园地面残留的枝梢病瘤内越冬。春季病菌在病瘤表面流出菌脓,主要借助雨水、空气、枝叶交互接触、昆虫等传播, 从伤口或叶痕处侵入。一般在4月底5月初开始侵入,在20～25℃条件下,经30～35天的潜伏期后,开始出现症状,6月下旬至8月上旬发生最多。幼树和苗木上发病较少,而结果树上发病较多。有些当年生的新梢上也有发病。

(3) 防治方法。

①做好植物检疫工作。禁止在病树上剪取接穗,禁止调运带病菌苗

木。新区一旦发现病树，应及时砍去并烧毁。

②加强培育管理。采收时，宜赤脚或穿软鞋上树采收，以免树皮弄破，增加伤口而引起感染的机会。采收后实行果园深耕，多施含钾量高的有机肥，增强树体抵抗力。

③修剪。新梢抽生前，剪除带瘤小枝，可选用1:2:200波尔多液；或10%农用链霉素600～800倍液；或77%可杀得2000型可湿性粉剂1 000倍液喷雾。剪下小枝后要及时清园并集中烧毁，以减少病菌，防止再次侵染。

④刮除病斑。春季3～4月份，病原菌未流出前，先用快刀刮净病斑，在伤口处涂以硫悬浮剂(或石硫合剂原液)加402抗菌剂100～200倍液，或20%叶青双可湿性粉剂50～100倍液，或硫酸铜100倍液，或1:6的浓碱水，进行消毒保护。隔两周再涂一次，效果更好。

2. 杨梅赤衣病

杨梅赤衣病主要为害杨梅的枝干，尤以主枝及侧枝发病较多，引起树势衰弱，枝条枯死，直至全树死亡。

(1) 为害症状。发病初期，在背光面树皮上可见很细的白色丝网，逐渐产生白色脓疱状物。次年春季在病症边缘及向光面可见橙红色症状小泡，不久覆盖一层粉红色霉层，以后龟裂成小块，树皮剥落，露出木质部，其上部的叶片发黄并枯萎。该病在果园中的6月份最易发现，其明显的特征是受害处覆盖一层薄的粉红色霉层。

(2) 发病规律。病原属真菌担子菌亚门层菌纲非褶菌目伏革菌。在病枝组织中越冬，菌丝生长温度范围为10～30℃，最适温度25℃。次年春季随树液流动，向四周扩展，同时在老病症边缘或病枝干阳面产生红色菌丝，孢子成熟后随雨水传播。孢子从伤口侵入。一般孢子3月初开始发生，4月下旬在枝干上产生粉红色子实层，以后密布橘红色粉末。5月上、中旬产生担孢子，5～6月为盛发期，6月以后担子层两端菌丝中逐渐形成白色菌丝，7～8月份到秋季停止蔓延，10月份后转入休眠。潜伏期较长，4～5个月。该病发生与降雨关系密切，一般土壤黏重，含水量高的果园发病较重。

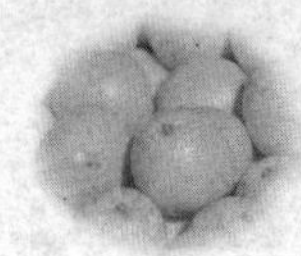

(3) 防治方法。

①加强培育管理。对林间有杂木的树体,要清除杂木。对管理粗放的园地,要做好春、夏雨季果园排水工作。对土壤通透性不良的黏土,要加客土(黄泥)。杨梅园要多施有机肥和钾肥,增强树势和抗病力。冬季剪除病枝,集中烧毁,萌芽前在主干处涂以80%石灰水。

②严格检疫。杨梅新发展地区,不向病区引种杨梅苗和接穗。

③化学防治。严重发生园地,3月下旬至7月上、中旬在病枝上用刷子涂抹75%纹达克(灭锈胺)可湿性粉剂500倍液,或3%灭枯灵水剂500倍液,或5%的硫酸亚铁液,或3%的波尔多浆液,或石硫合剂浆液(配方为生石灰0.5千克、硫磺粉0.2千克、水10千克和食盐50克),或者每隔15~20天选用75%纹达克(灭锈胺)可湿性粉剂1 000倍液,或37.5%泉程悬浮剂800~1 000倍液,或77%可杀得2 000型可湿性粉剂500~600倍液,连喷2~4次;或每隔20~25天用0.25%波尔多液喷1~2次。

3. 杨梅干枯病

杨梅干枯病,主要为害杨梅的枝干,引起枝干枯死,尤以树势衰弱的老杨梅树上发病较多。

(1) 为害症状。发病初期为不规则暗褐色病斑,随病情不断扩大,形成凹陷的带状条斑,与健康部位之间呈明显的裂痕,后期病部表面生有很多黑色小斑点(即分生孢子盘),起初埋生于表皮层下,成熟后突破皮层,露出圆形或槽裂的开口。发病严重时可深达木质部,当病部环绕枝干一周时,枝干即枯死。

(2) 发病规律。病原属真菌半知菌亚门腔胞菌纲黑盘孢目黑盘孢科。病菌是一种弱寄生菌,一般从伤口侵入,树势衰弱时才扩展蔓延,故发病轻重和树势关系密切。

(3) 防治方法。

①加强培育管理。及时增施有机肥料和各种钾肥,增强树势,提高树体抗病能力。

②保护树体。在农事操作活动(特别是采收)时避免损伤树皮,阻止

或减少病菌从伤口侵入。

③修剪。及时剪除或锯去因病而枯死枝条，并集中烧毁，病斑涂以402抗菌剂保护。

④化学防治。发病早期3～4月，及时刮去病斑，伤口要刮净，并及时用硫悬浮剂和402抗菌剂100～200倍液涂在伤口处保护。冬季，用0.5～2波美度石硫合剂喷洒在枝干防病。

4. 杨梅枝腐病

杨梅枝腐病，主要为害杨梅枝干的皮层，尤以老树的枝干上发病较多，致使枝干腐烂，树体早衰。

(1) 为害症状。枝干皮层被害初期，病部呈红褐色，略隆起，组织松软，用手指压病部会下陷。后期病部失水干缩，变黑色下凹，其上密生黑色小粒点(即孢子座)，在小粒点上部长有很细长的刺毛，状似白絮包裹，枝枯萎，这一特征可区别杨梅干枯病。天气潮湿时分生孢子器吸水后，从孔口溢出乳白色卷须状的分生孢子角。

(2) 发病规律。病原属真菌子囊菌亚门核菌纲球壳菌目腐皮壳科。是一种弱寄生菌，一般从枝干皮层的伤口侵入。以雨水或流动水滴传播。

(3) 防治方法。

①加强栽培管理。土壤及时增施有机肥料和钾肥，叶面喷布硼肥，增强树体的抵抗力。

②衰老树要及早更新，促使内膛萌发新梢，复壮树势。

③保护树体。在农事操作活动(特别是采收)时避免损伤树皮。露阳的枝干要及时涂白或包扎。涂白剂配方：生石灰1千克，食盐0.15千克，植物油0.2千克，水8千克，石硫合剂液少量。

④刮净病部或剪去病枝。早春3～4月，用刀刮净病部或剪去病枝，再涂50倍的402抗菌剂；或4%的843康复剂，使伤口渐渐愈合。

5. 杨梅褐斑病

杨梅褐斑病，俗称杨梅红点。主要为害杨梅叶片，引起大量落叶，花

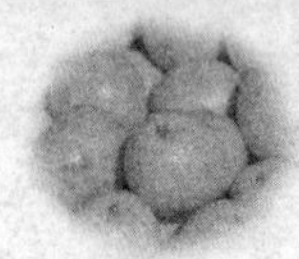

芽萎蔫，小枝枯死，树势衰弱，直至树体死亡。

(1) 为害症状。病菌侵入叶片后，开始出现针头大小的紫红色小点，后逐渐扩大呈圆形或不规则形，直径一般4～8毫米。病斑中央红褐色，边缘褐色或灰褐色，后期病斑中央转变成浅红褐色或灰白色，其上密生灰黑色的细小粒点(即子囊果)，病斑逐渐联结成斑块，致使病叶干枯脱落，不久出现花芽与小枝枯死，对树势和产量影响很大。

(2) 发病规律。病原属真菌子囊菌亚门腔菌纲座囊菌目座囊菌科。病菌以子囊果在落叶或树上的病叶中越冬。次年4月底至5月初开始形成子囊孢子，如遇雨水或空气潮湿，借风、雨水传播。从叶片的气孔或伤口侵入后，子囊孢子萌发，并不马上表现症状，一般经3～4个月的潜伏期，于8月中旬出现新病斑，10月下旬病斑数很快增加，病情加重，开始少量落叶，11～12月大量落叶。该病发病轻重与5～6月雨水多少以及园内潮湿和树势强弱关系密切。一年发病1次，无再次传染现象。

(3) 防治方法。

①清除病源。清除园内的落叶，并集中烧毁或深埋，减少越冬病源，减轻次年发病。

②加强培育管理。园内土壤要深翻，并增施鸡粪、饼肥等有机肥料，和硫酸钾、草木灰等含钾高的肥料，增强树势，提高抗病能力。注意果园整形修剪，剪除枯枝，增加树冠透光度，降低园间湿度，减少发病。

③化学防治。春梢后熟期(5月上旬至6月上旬)、采收后夏梢萌发时(长约1厘米)和越冬前期是该病防治的关键时期。一般园在春梢后熟期和采收后各喷1次；重发园在3个防治关键期各喷1次；特严重园在春梢后熟期喷2次，其他防治关键期各喷1次，再在8～9月喷1次。越冬前期使用3～5波美度石硫合剂，其他季节可选用80%代森锰锌可湿性粉剂600～800倍液，或75%百菌清可湿性粉剂800倍液，或70%甲基托布津可湿性粉剂600倍液，或50%多菌灵可湿性粉剂600倍液，或80%必备可湿性粉剂400～600倍液，或80%大生M-45可湿性粉剂600倍液，或75%百菌清可湿性粉剂500～800倍液，或25%甲霜灵水剂500倍液，或单独使用1:2:200的倍量式波尔多液喷雾。

6. 杨梅锈病

杨梅锈病，俗称杨梅飞黄粉。主要是在每年的3月中旬到4月中旬,为害杨梅芽、叶、枝梢和花。为害严重的福建地区,株害率高达8%～12%。

(1) 为害症状。杨梅的枝梢、叶、花、芽均易染病,病树提早开花且大量落花,后期大量落果,果型小。发病植株刚萌发的新芽,就产生橙黄色斑点,病斑破裂后,飞散出橙黄色的粉末。花器被害后,常还原成叶片,且多呈肥厚的肉质叶,上面有橙黄色的病斑,不久腐烂掉落,大部分枝梢为秃头枝。

(2) 发病规律。病原菌多产生性孢子及锈孢子。病菌以菌丝在枝梢上的被害部位(特别是隆突部位)潜伏越冬,次年春初由菌丝直接侵入幼芽为害,并以孢子进行广泛传播。发病程度与品种、土壤、树龄、海拔、施肥等有关。以海拔高度200米以下,地势平坦,土质为黑沙土栽种的树体,发病严重。初生树一般不发病,树龄越大,发病越重。

(3) 防治方法。

①园地与品种选择。初建杨梅园应选用丘陵山区的红、黄壤土,海拔在300米左右,并选用抗病品种栽培。

②合理施肥。健康壮年树,不能偏施氮肥或磷肥,要多施有机肥与钾肥;衰老树,要加强分年修剪,促使树冠更新复壮。

③化学防治。严重发生园块,在杨梅树萌芽前,树冠喷施3～4波美度的石硫合剂,或0.5%～1%的波尔多液1次,生长期喷施65%代森锌可湿性粉剂600倍液,或70%甲基托布津可湿性粉剂800倍液,或75%百菌清可湿性粉剂800倍液,或15%粉锈宁可湿性粉剂600～800倍液1～2次。

7. 杨梅炭疽病

杨梅炭疽病主要为害杨梅叶片、枝梢。

(1) 为害症状。发病初期在叶片两面产生圆形或椭圆形灰白色病斑,扩大后中间有黑色小粒点,晴天病斑易破裂穿孔。嫩梢被害则布满点点斑斑，逐渐落叶变成秃枝，同时由此造成烂果、落果现象。

(2) 发病规律。在自然环境中仅为分生孢子，在培养基中能产生子囊孢子。病菌以孢子和菌丝体在被害植物的嫩梢上越冬，次年 5 月上、中旬再传播为害，到 8 月上旬达到高峰期。病菌生育最适温度为 23℃，能耐 30～34℃的高温及 6～7℃的低温，但在 50℃时仅 10 分钟即死亡。

(3) 防治方法。

①增施有机肥。增施有机肥料，少施氮肥，增强树体抗病能力。

②加强修剪。加强春季(2～3 月)和冬季(10～11 月)的整形修剪，减少病源。

③化学防治。春季萌芽前或夏季采果后，可选用 1:1:140 的波尔多液，或 65%代森锌可湿性粉剂 600 倍液，或 80%的 420 抗菌剂 800 倍液喷雾树冠。

8. 杨梅膨叶病

杨梅膨叶病在老叶、新梢上均能为害。

(1) 为害症状。每年的 3 月下旬至 5 月上旬，有 1～2 次发生高峰。叶片被害后短小、畸形，密集丛生，肥厚肉质，皱缩粗糙，凹凸不平。新梢被害后肥大短缩，停止老化。病部膨肿组织初呈深红色，后变为灰白色的粉状物(子囊层)。得病植株结果少而小或完全不结果，核果肉突刺少、汁苦涩，渐变僵果，未熟先落，树势早衰，形成明显大小年，树的寿命明显缩短。

(2) 发病规律。病原菌以菌丝体在被害枝梢上越冬，次年产生孢子，进行再侵染。丘陵黄黏土、灰泥地发病最重，病株率达 40%～45%。沿海平原平坦沃土上的杨梅，常遭台风摇动，浅根受损，而且多数树体徒长，容易落花落果，膨叶病也较普遍。多年不施肥，土壤不肥沃，35～50 年生的中老树，膨叶病株率高达 75%以上。倒春寒及春雨过多的年份发病重。该病发生还与品种有关。

(3) 防治方法。

①园地与品种选择。选用抗病的嫁接良种和含有沙砾的红、黄壤土栽植。

②更新感病老树。截断枝干上部,留下分杈树桩,并挖断部分根群,同时施人畜肥和草木灰等肥料,使其增生新根,隐芽萌发新枝,或重新嫁接。更新时间以8月上、中旬为宜,如在9月进行,所生的幼嫩新梢,冬季易受冻而死;如在春季更新,伤流过大,不利抽枝生长。

③科学用肥。幼树为扩大树冠,氮:磷:钾=1:0.5:1为宜,进入结果期之后,以氮:磷:钾=1:1:2.5较佳。一般于萌芽抽梢前的2～3月和采果后的6～7月两次施入,也可在冬初于树冠滴水线外围打穴或挖短浅沟施人畜肥、土杂肥、厩沤肥、堆泥肥等。

④化学防治。在萌芽抽梢之初和采果收获之后,可选用1:1:140的波尔多液,或5波美度的石硫合剂,或70%甲基托布津可湿性粉剂800倍液,或65%代森锌可湿性粉剂600倍液,或80%抗菌素402乳剂700～800倍液喷雾1～2次。冬季还应铲除果园四周杂草、剪除被害枝叶、扫除地面枯枝落叶,集中烧毁或深埋。

9. 杨梅小叶病

杨梅小叶病,是因杨梅树体缺锌引起的生理性病害。

(1) 为害症状。发病植株从枝条顶端抽生短而细小的丛簇状小枝,8～10个,多者15个,主梢顶部枯焦而死,植株枝梢生长停止期提前。病枝节间缩短,叶数减少,叶片短狭细小,叶面粗糙,叶肉增厚,叶脉凸起,叶柄及主脉局部褐色木栓化或纵裂。嫩叶长期不能转绿,远看焦黄色,重者嫩叶早期焦死。病枝不易形成花芽,即使形成也量少质差,产量锐减。

(2) 发病规律。多发生在树冠顶部,中下部枝叶生长正常。一般南坡向阳或土层浅的地方,该病发生较严重。

(3) 防治方法。

①喷施硫酸锌。开花抽梢期(3～4月),剪去树冠上部的小叶和枯枝,并喷施0.2%硫酸锌水溶液。

②土施硫酸锌。早春或秋初,根据树冠、树体大小,在树冠地面浅施硫酸锌每树25～100克。

③加强培育管理,土壤切忌偏施、多施磷肥,否则会诱发“小叶病”

的发生。

10. 杨梅肉葱病

杨梅肉葱病，俗称杨梅花、杨梅火、杨梅虎、肉柱分离症、肉柱萎缩病。浙江杨梅的株发病率达20%以上，多的达40%～50%，是杨梅果实上发生率较高的一种生理性病害。

(1) 为害症状。起初发病，在幼果表面破裂，绝大多数肉柱萎缩而短、细、尖，少数正常发育的肉柱显得长又外凸，状似果实上的小花；或绝大多数肉柱正常发育，而少数肉柱发育过程中与种核分离而外凸，并且以种核嵌合线上的肉柱分离为多，成熟后色泽变为焦黄色或淡黄褐色，形态干瘪。随着果实成熟，裸露的核面褐变，果面蝇虫吮汁，鲜果不能食。

(2) 发病规律。一般长势过旺的树冠中、下部，或树势健壮却结果较多的树，或褐斑病发生较多的衰弱树，或土壤有机质缺少而出现缺硼、缺锌症的树，危害严重，其果实提早脱落；轻度危害的树，其果实也失去商品价值。只在硬核后至果实成熟时，肉眼最易发现。此外，东魁杨梅果实发病比其他品种为多。

(3) 防治方法。

①加强培育管理，维持中庸树势。树势衰弱树，应在立春和采果后，及时增施有机肥和钾肥，预防褐斑病的发生，增强树势和提高树体的抵抗力；树势强树，应在生长季节(5月10日前后)，人工疏删树冠顶部直立或过强的春梢约1/3，控制使用多效唑，使树冠中下部通风透光。

②多施有机肥和钾肥，满足供应硼、锌等微量元素。喷植物激素防治。

③控梢控果。控制夏梢(结果母枝)15厘米以下；按叶果比50:1疏花疏果，严格控制结果量。

④化学防治。谢花后至果实膨大期，果实喷施高美施营养液3次，第1次浓度0.15%，第2～3次浓度分别为0.1%；或0.2%～0.3%的磷酸二氢钾液多次，每次相隔10～15天；或绿芬威1号1 000倍液；或三十烷醇1 000倍液；同时，在5月中旬喷施1次赤霉素，浓度为33～50毫

克/千克,可得到有效防治。

11. 杨梅裂核病

杨梅裂核病,又称杨梅裂果病,是发生在杨梅果实上的一种生理性病害。

(1) 为害症状。以横裂为主,纵裂为次。有裂果与裂核两种方式。横裂果者以裸露的核为缺口, 肉柱向两头断裂成团, 且上部肉柱组织松散,下部肉柱组织仍然缜密,外露的核呈褐色;纵裂果者以肉柱左右上下无规则松散开裂,果核大面积外露,失水枯干,是肉柱坏死症(肉葱病)衍发的结果。裂核者以缝合线处开裂占绝大多数,核和核仁变成灰状的枯干果掉落地上,核仁枯干。留树的裂核果比裂果果的寿命缩短 15 天以上。有的病果还与肉葱病同时存在。

(2) 发病规律。一般发病初始于 5 月上旬,5 月中、下旬为盛发期。以长势旺的东魁杨梅壮年树发病最多。该病为害后,果实均失去商品价值。

(3) 防治方法。

①加强培育管理。培育中庸树势,加强通风型树冠修剪,少用 15%多效唑可湿性粉剂等激素类农药,重视硬核期后的人工疏果管理。

②叶面喷施磷肥。开花前或开花后,用 1%的过磷酸钙浸出液(浸 24 小时,并滤去杂质),喷 2～3 次,可促进杨梅种核的发育,裂果(核)率可控制在 5%以下。

五、采收、保鲜与贮运加工技术

（一）采 收

1. 时期

杨梅成熟时期因地域不同而有很大差异。成熟最早的是云南和贵州的杨梅，其成熟和采收时期开始于4月份。接下来是福建、广东、四川等省的杨梅，于5月中、下旬开始成熟和采收。浙江、安徽、江苏、湖南、江西等省的杨梅成熟期最晚，成熟和采收期一般在6月上旬至7月中旬。江南杨梅成熟期正值梅雨多湿高温季节，果实成熟后易于落果和腐烂，故应随熟随采。有农谚称："夏至杨梅满山红，小暑杨梅要出虫"，正说明了杨梅成熟和采收时期短暂。

杨梅采收期也因品种不同而有差异，成熟与否可依据不同品种成熟时表现出的特征加以判断。乌杨梅品种群如荸荠种、晚稻杨梅等，果实由红转紫红或紫黑色时为最佳采收期；红杨梅品种群，待果实肉柱充实、光亮，色泽转至深红或泛紫红时采收；白杨梅品种则以果实肉柱上的青绿色几乎完全消失，肉柱充实，呈现白色水晶状、发亮时采收为宜。此外，果实含酸量也是果实成熟的另一重要指标。如荸荠种含酸量在1.4%时，食用过酸，0.8%以下时风味过淡，采收最适宜期在含酸量1.0%～1.2%之间。

2. 方法

杨梅要求充分成熟时采收，同一株树上的杨梅果实成熟时间先后不一,所以要分期分批采收。一般每天采收 1 次,或隔天采收 1 次。又因杨梅果实无果皮保护,极易受损伤,故采收时要轻采、轻放、轻运,以免损伤。采收时间以清晨或傍晚为宜,避免在雨天或降雨初晴时采收。采收前要求剪短指甲,以免刺伤果实。采收时用右手三指握住果实,食指顶住柄部,将果连柄轻轻摘下,放在底部铺有蕨类或青草的塑料箱或竹篓中,每筐装果不超过 20 千克。以小竹篓、小竹篮包装出售的杨梅,可用蕨类或柴草衬底,在采收时直接提在手上,随采随装。一般每篮(篓)不宜超过 5 千克,这样可使果实保持完整、新鲜状态,有利于销售。

此外,加工糖水杨梅用的果实,与鲜食用果一样方法采收,而制盐坯、果酱等的果实,可在树下垫草或一张塑料薄膜,摇树震落果实捡拾,速度快,损伤大,只能贮藏 1～2 天,要及时处理。

(二)分级与包装

1. 果品分级

果品的质量由外观质量和内在质量构成,通常称之为“外质和内质”。外质以感观指标控制为主,即看得到的部位,如果色深浅、果面光洁度、伤疤、病虫、污物等等,还辅以风味品尝的感观指标;内质主要用理化指标来控制为主,如糖酸比、可溶性固形物含量、可食率等;卫生指标贯穿外质和内质。所有质量指标由感观指标、理化指标、卫生指标组成。如黄岩地方标准 DB331003/15,东魁杨梅果实大小按单果重分为 L 级、M 级、S 级,小于 S 级为等外果。见表Ⅱ-5。

表Ⅱ-5　东魁杨梅果实大小等级

级　别	L	M	S
单果重(克)	≥25	21～24	18～20

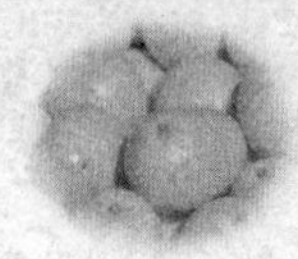

2. 果品包装

(1) 包装设计与制作。

①内包装。内包装设计与制作要突出卫生、新颖、精美、轻巧等主旨,满足消费者多层次的需求。采用的形式有:纸盒、纸袋、塑料袋,或以纸浆和发泡聚乙烯为材料制作的模塑托盘等。

②外包装。外包装设计与制作要时尚、精美,图案形象逼真、诱人,突出广告效应。包装材料大多是纸箱,聚苯乙烯泡沫包装箱,也有聚乙烯塑料箱。

(2) 包装材料的要求。

①要质轻坚固,不易变形或破碎,能承受一定的压力。

②既能通透,又有防潮性能。

③要清洁卫生,无污染,无异味,无有害的化学物质。

④要价廉易得,成本低,使消费者减轻负担。

(3) 包装设计注意事项。

①包装容器应大小适宜,堆放、搬运方便,易于回收处理。

②包装内壁要平整光滑。外面有洁净感,并注明商标、品名、等级、重量、产地、采收日期和特定的商品标志。

③国外运输大多以纸箱包装,并要求与集装箱或库容相符合[不论内外销的纸箱都必须双瓦楞制作,内衬符合绿色食品要求的薄膜(袋)防止纸箱吸湿损坏]。

(三) 保鲜与贮运

杨梅果实常温贮藏比较困难,有"一日变色,二日变味,三日变质"之说,故杨梅采摘后应尽快包装,并迅速组织调运。目前,延长杨梅保鲜期的办法,主要是采取降低温度和呼吸强度以及有害微生物的繁衍,具体要求与方法介绍如下:

1. 贮运方式

(1) 泡沫箱低温保鲜贮运。在台州临海一带杨梅产区的经营者常用泡沫箱加冰块低温保鲜进行远距离销售。所用的设备和材料包括：

预冷冷库、抽气设备、热收缩机、0.04～0.06 毫米 PE 保鲜袋、瓶装定型冰块(1 千克左右)、白色泡沫箱(以每箱装杨梅 3.5 千克为例，泡沫箱厚度约 2.5 厘米，内径高度 14 厘米、长度 36 厘米、宽度 22 厘米，中间预留放冰隔槽)、塑料箩和外包装箱(规格与泡沫塑料箱相配套)、隔热保温材料等。

操作程序：

①选果。选择 9 成成熟、果形圆整，无损伤，无腐烂的优质果，按要求分等级分别存放。

②预冷。将挑选好的果实，立即进入小型预冷库预冷。预冷库温度为 16 度左右，预冷时间 1～3 小时。

③包装。

装箩抽气：将经过预冷的杨梅果实装在塑料箩内，装箩时，要求果实须紧密排列，置放高度要与箩口相平或略低，然后套上保鲜袋，内放 1 包干燥剂，再用抽气设备将袋内的空气抽出，抽气时，要掌握力度，使保鲜袋刚贴近杨梅即停止抽气，并迅速扎紧袋口，放入泡沫箱中，左右各一箩。

置冰：将定型冰块放在泡沫箱的中间隔槽内，装入冰块的多少，要根据运输距离、果实多少而定，即距离远、所装果实数量多的，装冰块要多些，反之，装冰块可少些，以节省成本。近距离销售一般每箱放一瓶。

封口压膜：盖好泡沫箱箱盖，用粘胶纸封住缝口，固定箱盖，将封好的泡沫塑料箱装进彩印纸箱(外包装箱)内，最后用热收缩机将整个包装箱封膜。

运输、销售：杨梅为易腐农产品，装好的果实箱，应立即装车起运，出库销售(如暂时不销售的应放在冷库内贮藏)，减少运输时间。装车时，果箱要堆实、固定、不移动，堆放好以后最外层用泡沫板或其他隔热保温材料包围住，以减少外界气温对果实的影响。长途运输最好用冷藏汽车，进行冷链销售。所谓冷链运销是指杨梅果实从贮藏、运输到销售的整个过程都处于一定的低温环境下，使杨梅能较长时间内保持较好的产品质量，满足消费者的需求。

(2) 气调保鲜贮运。气调保鲜是在低温保鲜贮藏的基础上发展而来的。选果、预冷、装车、运输与低温保鲜运销相似，所不同的是：预冷温度为 1～5℃。在包装时选用气调保鲜袋装果后，用真空封装机将袋中的部分氧气抽掉，充入氮气，使氮气与氧气达到适当比例后密封袋口。这样，贮藏保鲜期可延长。

(3) 冷库保鲜贮运。杨梅采收或装箱后，如不能立即销售的，应放在冷库内贮藏。近年来，黄岩在东魁杨梅低温冷库贮藏保鲜技术和包装应用方面积累了较多的经验，并形成了一套操作规范，具体做法如下：

①果实。选择果实成熟度 9 成，果实有较高的硬度，无机械伤、无肉葱病等病虫危害等缺陷。

②采收。时间为晴天或阴天，上午 9 时前或下午 3 时后进行，边采边分级。如遇特殊需要，雨天果实采后必须进行冷风干燥去湿。

③搬运方法。采用肩挑、手拎等方式将杨梅从采摘地搬运到贮藏库收购场地。

3. 贮藏技术要求

(1) 冷藏库要求。

①选址要求。建在杨梅产地，减少入库前运输造成的损伤，并有配套的收购场地。

②温度。温度控制范围-5～15℃，波动度±1℃；相对湿度控制范围85%~90%，波动度±3%。

③库房配置。库房应配置加湿器、臭氧发生器、换气窗，有条件的还要配备制冰室和预备机组，制冰室温度控制范围-10℃以下。

(2) 库房准备。

①贮藏前库房应打扫干净，用具洗净晒干，用臭氧消毒 2 小时。在入库前 24 小时敞开门，通风换气，入库前应对设备进行调试，确保设备运行正常。

②配备冷库专业操作工人或建立快速的维修网络。

(3) 贮藏用具。要求透气、壁光滑,大小、深度适中。可用通气良好的塑料筐盛放,每篮(筐)容量不超过 10 千克。筐高度为 15 厘米左右为宜。2～2.5 千克小包装可先在塑料篮(筐)内放入 0.04～0.06 毫米 PE 保鲜袋,把杨梅装入保鲜袋后进预冷室盛放,出库后抽气可直接放入泡沫箱运输。

(4) 贮藏方式。

①堆贮。果筐在库房内呈“品”字形堆码,筐间留 5～10 厘米间隙,堆间留 80～100 厘米宽的通道,四周与墙壁间隔 30～40 厘米,距离冷风机出口 1.5 米以上。果筐堆放高度视容器的耐压程度而定,但最高层筐距离库顶需有 80 厘米以上的空间。

②架贮。用木架、铁架等,架的宽度以两人能操作方便为度,层数以便于操作为宜,但最高层距离库顶应不少于 80 厘米,铁架应用防锈漆涂布,2～2.5 千克小包装更适宜架贮。

(5) 库房管理。

①预冷。采收后的杨梅立即送入预冷库进行预冷，预冷温度 3～7℃,预冷 3～6 小时。经过预冷后的杨梅才可入库贮藏。

②温度、湿度要求:贮藏温度控制在 0～3℃,空气相对湿度控制在 85%～90%。

③分批入库。为防果实带来的田间热使库温迅速上升,每次入库的果品不宜过多,以总贮藏量的 20%～25%为宜,待库温稳定后再进行下一次的入库。

④其他。果实应注明入库时间及等级,分排分层摆放,便于观察与出库。定期检查库房的温、湿度变化以及其他异常情况,并做好记录,出现问题,及时处理。贮藏期间,要经常检查果实品质,发现烂果应及时挑出,以免影响其他果实。

⑤杀菌。采用臭氧杀菌。臭氧杀菌在冷藏室进行,每 50 立方米空间安放臭氧发生器一台,按开 1 小时、关 4 小时循环,臭氧发生量为 1 200 毫克/小时。

4. 包装运输要求

(1) 包装要求。

①包装材料。

外包装材料:外包装采用聚苯乙烯泡沫包装箱,厚度2.5厘米以上,内径高度在20厘米以内,长度在45厘米以内、宽度在30厘米以内,箱内壁有通气道,中间预留放冰位置,每箱装杨梅7.5千克以下。

内包装材料:内包装包括塑料筐和0.04～0.06毫米PE保鲜袋。塑料筐要求通气良好,高度略低于泡沫箱内径,宽度比泡沫箱内径略小,左右各一筐,要求PE保鲜袋的大小应与泡沫箱或塑料筐相对应,袋高度比泡沫箱高出30厘米左右,以便挽口。要求内外包装接触紧密。

②包装技术。先把保鲜袋放入塑料筐展开,把杨梅小心放入,使杨梅紧密排列,杨梅高度与泡沫箱高度平齐。

③抽气。选用合适的抽气设备抽气,要掌握力度,使保鲜袋刚贴近杨梅即停止抽气,并迅速扎紧袋口。

④置冰。把定型的冰放在泡沫箱中间,长途运输冰的数量要在2千克以上。运输时间在24小时以内,冰果比在1:1.5～2;运输时间在24小时以上48小时以内的,冰果比在1:1～1.5,冰的数量在5千克以上。冰要求在-10℃以下低温中定型制作,或用塑料瓶加水冷冻而成,在-10℃以下低温时可贮藏两天以上,或把已老化的冰打碎加1%食盐薄膜包装制成冰袋。

(2) 运输要求。

①运输工具。长途运输可选用普通货车、箱式货车运输或飞机空运。

②运输技术。装箱后应立即装车起运,装车时果箱要堆实、固定,使其不会移动。装车重量要适当,在堆放好以后最外层包以泡沫塑料板或棉被或其他隔热保温材料。装卸过程要注意轻拿轻放,运输途中避免激烈颠簸,到达经销地后应迅速销售。

(四)加 工

1. 糖渍杨梅

将成熟杨梅,去梗洗净和破碎后在不锈钢锅中煮3分钟,轻搅,然后榨汁。取3分白糖倒入果汁中,文火煮3～5分钟,再用猛火煮10～15分钟,静置24小时后,再煮1～3分钟,即可装罐密封。

2. 盐渍杨梅

果实10份,加盐2份,拌匀后贮藏于缸中,随时可以取食,经久不坏。食时须先用水清洗干净,风味虽不如糖渍杨梅,但有祛暑去湿、解痧气等功效,味亦清适。适于家庭少量制作。

3. 盐坯干

此加工方法最适用于山区。在杨梅产地,鲜果销售困难时可做大量加工处理。山区里还有大量的质量较差的杨梅或野生杨梅,均可以处理加工成盐坯干。盐坯干可以长期保存,解除了贮藏问题。同时,盐坯干水分和体积都大大减少了,因而也减轻了交通运输压力。当然,最主要的是解决了鲜果的腐烂损失问题,从而保证经济收入。其方法简便易行,大致步骤为:原料选择—腌制—晒干。具体操作及要求如下:

(1) 原料选择。用于加工的杨梅鲜果要求成熟、完整,无落地果和腐烂果。

(2) 腌制。将杨梅用食盐腌制,即按一层杨梅一层食盐混放在容器里或水泥池中,装至容器或水泥池顶部,最上一层撒上食盐封住表面,用粗竹帘等材料覆盖,压上石块等重物,腌制10天左右。当腌制场地缺乏时,亦可选择高燥阴凉之处,在地面开一长方形的大土坑,压紧底土,坑内垫以无毒的塑料薄膜,再放入食盐和杨梅进行腌制。

腌制时还需适当添加少量明矾,杨梅、食盐、明矾三者的比例为100:12:0.3。

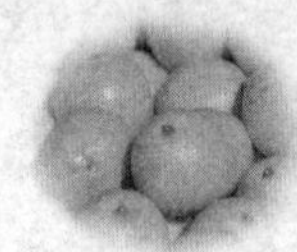

(3) 晒干。将腌制过的杨梅捞出,沥去水分,摊铺在晒席或晒坪上暴晒3～5天,晒至含水量为10%～15%时为止。晒干的盐坯干即可装袋保存或运销。

4. 糖水罐头

糖水杨梅罐头经密封杀菌以后,可防止再感染,能长期保存其营养价值,其规定保存期限为7个月。加工过程如下:

(1) 原料处理。剔除霉烂、机械伤、成熟度低、果形小的果实和杂物等。用流动水清洗干净。然后将果实在5%的食盐水中浸12分钟以驱虫和增加硬度。再在流动水中充分清洗,以除去泥沙和杂质。

(2) 分选。装罐的果实要求呈紫红色,组织完整,无软烂,同一罐中果实宜大小一致、色泽均匀。

(3) 装罐。装罐重量按不同罐型而异,目前3种罐型的装量如表Ⅱ-6。

表Ⅱ-6 糖水杨梅的装罐量(单位:克)

罐号	净重	果肉	糖水重
8113	567	280～290	277～287
7110	425	200～210	215～225
781	315	155～160	152～157

表Ⅱ-7 不同罐型的杀菌冷却时间

净重	杀菌方式	100℃的冷却时间(分钟)
567	抽气	2～10
425	抽气	2～10
312	抽气	2～8

(4) 排气和密封。抽气密封,真空度在300～350毫米汞柱。

(5) 杀菌和冷却。不同的罐头型装量冷却所需的时间见表Ⅱ-7。

(6) 说明及注意事项。

①糖水杨梅加工过程中,应防止骤然的高温,并防止长时间加热。

杀菌后冷却要快，否则容易发生裂果，最好用抽气密封。

②杨梅的组织嫩软，一般在 6～7 月份的梅雨季上市，易碰伤、发霉、腐烂。故原料采摘后宜用小包装，每筐约 5 千克，或者用塑料箱装，每箱装量 10 千克，迅速运至加工厂加工。

③杨梅花青素的成分很高，对马口铁罐的铁皮腐蚀性较强，应采用抗酸涂料罐。

④糖水浓度不能过高，否则易引起裂果。

⑤正确掌握装罐量，防止装量过多、过紧引起果与果之间的黏结或果实变形。

⑥选用紫红色、无松香味的品种以防贮藏期间产生松脂臭味。

目前用作糖水杨梅加工品种的以余姚的荸荠种和舟山的晚稻杨梅最佳，制罐后其果实及汤汁均保持紫红色，且风味佳，种子小，种子和肉柱很容易分离，无松香味或其他异味。

(7) 对产品的要求。即我国轻工部对出口糖水杨梅罐头所定的标准：

①色泽。产品色泽可略淡于鲜果，果实及汤汁均呈现紫红色或淡红色，且均匀一致，糖水较透明，允许有少量沉淀。

②果实大小。果实平均直径不低于 2.5 厘米。

③风味。具有糖水杨梅应有的风味，无异味。

④组织形态。果实完整，带核，大小基本均匀，果肉不应煮熟过度，组织不软烂，果实完整，但允许不超过总果数 20%的轻微裂果。

⑤糖水浓度。开罐时按折光仪的浓度为 14%～18%。

5. 果汁

制果汁的杨梅原料要充分成熟，不论果形大小和有无破损，只要未变质的均可用于果汁生产。

(1) 果汁加工方法之一。

①原料处理和煮汁。选用新鲜成熟的杨梅，摘除果梗，洗净后，将果实在 3%的盐水中浸泡 10～15 分钟，驱除虫和杂物，然后用流动清水漂洗 10～15 分钟，洗去盐分和杂物。将砂糖 40 千克，加清水 10 千克(糖重的 25%)在夹层锅中溶解，然后倒入杨梅 100 千克，徐徐加热到 65℃，

保温10分钟，出锅后置于缸中浸泡12～16小时后，过滤。留下的果渣再按渣重的50%的水浸泡10分钟，再滤出汁液，两次汁液混合后备用。

②糖酸调整。测定果汁浓度，并加水将果汁稀释到含糖量达14%～16%时止，再测定含酸量。如含酸量不足，则加柠檬酸，调整到0.7%左右。然后在夹层锅中加热至汁温达85℃。出锅后用3层纱布过滤后，及时装罐密封。

③装瓶。采用玻璃瓶定量分装。

④封罐。密封时汁温不低于70℃。所用的罐盖与胶圈需在沸水中煮5分钟。

⑤杀菌及冷却。趁热投入90℃热水中，放置3～5分钟后冷却。

(2) 果汁加工方法之二。

①预制。经挑选的杨梅200千克加250千克浓度为70%的糖水，煮沸40分钟。经2～3层纱布过滤，得酸度在0.3%～0.35%的滤汁约270千克。再用50%的糖水180千克，杨梅汁145千克，苋菜红色液20千克(苋菜红色液配制方法是将苋菜红素研成粉末，取15克加水200千克沸水溶解后备用)，柠檬酸800克，杨梅香精200毫升，苯甲酸钠300克。先将水煮沸以后加入砂糖，待柠檬酸、苯甲酸钠和杨梅香精经充分拌和以后，用纱布过滤。经配制的杨梅汁，用均汁机进行均汁。

②灌瓶。将经片式热交换器杀菌后的果汁，用泵送入贮浆桶，将果汁灌入经5～15分钟102℃消毒以后的空瓶中，并检查有否装满，并剔除杂质。

③封瓶。灌瓶后盖上经消毒的瓶盖及胶圈，立即封盖。

④杀菌及冷却。同方法一。

⑤杨梅果汁的质量要求。产品色泽较新鲜果稍淡，呈紫红色或淡红色。具有杨梅果汁应有的风味，无异味；汁液均匀、清晰，经静置后允许有少量沉淀，原果汁含量不低于35%，可溶性固形物含量为14%~16%(按折光仪值)，总酸度为0.6%～0.8%(以酒石酸计)。

⑥注意事项。杨梅汁全生产过程中切忌与铁、铜等金属接触。

6. 果酱

(1) 原料处理。用于制作果酱的杨梅,除腐烂变质的果实外,凡是充分成熟的,不论果形大小及损伤果,均可利用。在原料处理前,应除去果柄、杂质,再放到5%食盐中浸20分钟,去盐水后在清水中漂洗40分钟,然后于打浆机中打浆。打浆后原料分成3个部分,即种子、果实原汁和渣汁。把原汁和渣汁分别进行煮沸10分钟备用。

(2) 杨梅酱的配制。杨梅汁渣55千克,糖45千克,洋菜380克,柠檬酸100克。配制时先取45千克的糖,用9.5千克的水溶解,加水数量以能溶解糖为度,不宜太多。所制的糖水加入杨梅汁渣中再煮沸、搅拌,浓缩到原体积的60%左右时,再加入用开水化开的柠檬酸和洋菜。最后浓缩到糖度55～60度。

(3) 装罐。采用玻璃瓶定量分装。

(4) 封罐。玻璃瓶要密封,不漏水。

(5) 杀菌和冷却。在100℃的蒸气锅中经10分钟后,逐步降温冷却到常温。避免温度骤降造成玻璃瓶破裂。

(6) 说明及注意事项。

①在打浆前把打浆机的机翼和圆筒的间隙调节到适当距离以后再开始打浆。如间隙过小会磨破种子,使种子的碎屑掺入产品,影响产品质量。如间隙过大,部分浆汁未打出,造成浪费。一般荸荠种杨梅的打浆率在76%左右。

②由于加工季节气候炎热,杨梅酱会发酵变质,无论是原汁和汁渣都要立即进行加温煮沸,以防变质。

7. 杨梅烧酒

杨梅烧酒是指将杨梅浸渍到白酒中,然后直接食用,可长期保存,具有独特风味。我国和日本杨梅产销地都有饮用杨梅烧酒的习惯。杨梅烧酒在医学上具有复原等功效,夏季饮用则有解暑补身、舒心爽神的作用。杨梅烧酒浸渍方法简单,适用于家庭制作。选择充分成熟的完整果实用冷开水洗净,沥干水分,放入适当大小的玻璃瓶或陶瓷瓶等容器

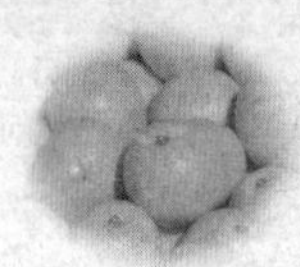

内,装至八成满,再注入50度左右的白酒至淹没最上层杨梅,加盖密封。浸渍时,还可根据各自爱好加入适量的冰(或白砂)糖,调节口味,常用的比例为:杨梅:冰(或白砂)糖:白酒=1:(1～5):1。密封后置阴凉处约1个月后即可食用。

注意要点:

①杨梅从采收到浸渍的时间越短越好,以保持杨梅新鲜和应有的硬度,有利于提高杨梅烧酒的质量。

②选择适宜的品种进行浸渍,以紫色、紫红色品种最佳,红色品种次之。

③杨梅烧酒无论浸渍期或保存期,必须存放在阴凉避光处,以免受阳光直射而变色、变味。

④容器要具有良好的密封性能,容器口必须盖紧密封,以免白酒蒸发而影响保存效果或口感。

8. 杨梅发酵酒

(1) 原料处理及加工。选用汁多核小、新鲜成熟的杨梅,摘除果梗,去除杂草、枯枝、落叶等。然后用清水流动漂洗10～15分钟,洗去泥沙等杂质,沥干水分。将原料放入桶或缸内捣烂,然后用干净纱布绞汁。每100千克杨梅可榨汁70千克左右。然后将果汁倒入铝锅或不锈钢锅(不能用铁锅)中加热至70～75℃,经15分钟即可使蛋白质及其他杂质凝固析出。

(2) 发酵。待果汁冷却至室温后,用虹吸管吸出上面澄清液,转入发酵缸中(发酵前全部用具需消毒灭菌,即硫磺燃烧熏8～10小时),将果汁加糖调至需要浓度后,每100千克果汁加酒曲2～3千克,搅拌均匀盖好缸盖,保持室温在25～28℃,经3～4天后酒度可达5～6度。2个月中间换桶1次。将发酵好的酒用虹吸管吸入另外的缸或桶中,根据发酵后的酒度,加入60～65度的白酒,使酒度达20度,再加入10%～12%的蔗糖,搅匀。

(3) 装瓶、杀菌。将酒用纱布过滤后,装入瓶中,连瓶在70℃以上的热水中消毒10分钟。

由于配方和加工方法不同，可酿制成各种各样的杨梅酒，如杨梅干红酒、利口酒等。

9. 杨梅白兰地

利用杨梅果酒加工中榨汁后的果渣，经常规的发酵处理后，进行蒸馏而制成。

10. 蜜饯

一般在产地进行粗加工，制成杨梅坯，再运到专业厂家加工。既可避免鲜果在炎热天因长途运输造成的烂耗，又可利用厂家的优良设备和先进工艺，保证产品质量和档次。下面以七珍梅的制作方法为例作一介绍。

(1) 配料。每100千克成杨梅坯需加砂糖65千克，甘草4.2千克，香料粉1千克(其中橘皮粉30%、桂皮粉20%、公丁香粉5%、甘草粉30%、小茄香粉15%)。

(2) 浸水。将果坯倒入清水池中浸泡5～6小时，然后捞出放入竹筛内。将竹筛置于水面轻轻搅动，洗去果坯中的泥沙、杂质，然后将果坯等倒入竹篮中用清水冲洗，洗净后沥干水分。

(3) 日晒。将果坯摊放在竹匾上，在日光下暴晒，晒至八成干时，即将果坯倒入木桶。

(4) 糖液配制。将甘草捣碎后加清水接连熬煮两次，每次加清水20～25千克，熬煮30分钟。将两次熬煮的甘草汁混合后用纱布过滤，然后加糖煮成60%～65%浓度的甘草糖液。将全部甘草糖液倒入装有果坯的木桶中，1～2天后滤去糖液。

(5) 晾晒。将果坯铺在竹匾上进行晾晒，晒时将浸渍过的甘草糖液分成4～5份，分次泼在果坯上，并经常翻动，将果坯晒至八成干。

(6) 拌料。将香料粉拌入果坯，即为七珍梅。

(7) 包装。采用塑料食品容器定量、密封包装。

(8) 质量要求。产品表面不黏，成品棕黑色，味甜香略酸。

作为综合利用，也可将加工杨梅汁以后的果实加工杨梅蜜饯。其方

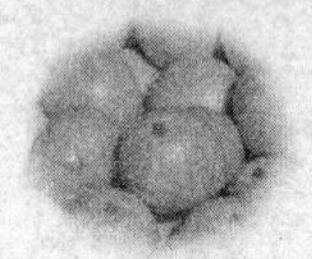

法是:将原料于5%的食盐水中浸泡半小时后取出,用清水漂洗干净。按下述比例:白糖9千克、水4千克加杨梅10千克,待水和糖混合煮沸后,倒入杨梅再煮沸40分钟,取出过滤,其汁液供制果汁或他用。杨梅果实于烘房或太阳下暴晒,晒干后拌以0.05%～0.1%的丁香或其他调味品即成,然后装袋。果实品种以淡红色为佳。

附录一　椪柑商品果分等和分级要求

按果实的外观和内在品质分为特级(2L 和 L)、一级(M)、二级(S)，详见下表。

椪柑商品果等级指标 *

<table>
<tr><th>等级</th><th>2L</th><th>L</th><th>M</th><th>S</th></tr>
<tr><td>果实横径(毫米)</td><td>70.0≤d<75.0</td><td>75.0≤d<80.0</td><td>65.0≤d<70.0</td><td>60.0≤d<65.0</td></tr>
<tr><td>果形</td><td colspan="2">果形端正、具有本品种固有特征,无突蒂果和梨形果</td><td>果形端正、具有本品种固有特征,无突蒂果和梨形果</td><td>果形正常、有本品种应有的特征,无突蒂果和梨形果</td></tr>
<tr><td>色泽</td><td colspan="2">深橙色或橙色，着色良好鲜艳</td><td>深橙色或橙色,着色良好鲜艳</td><td>橙色或浅橙色,着色正常鲜艳</td></tr>
<tr><td>果皮损伤及病虫害</td><td colspan="2">果面光洁。不得有未愈合的机械刺伤、深疤、日灼斑、裂果、萎蔫浮皮、腐烂果。病虫伤斑及一切附着物合并计算其面积不超过果皮总面积 5%。其中单个斑痕不得超过 0.25 平方厘米</td><td>果面光洁。不得有未愈合的机械刺伤、深疤、日灼斑、裂果、萎蔫浮皮、腐烂果。病虫伤斑及一切附着物合并计算其面积不超过果皮总面积 7%。其中单个斑痕不得超过 0.25 平方厘米</td><td>果面较光洁。不得有未愈合的机械刺伤、裂果、萎蔫浮皮、腐烂果。病虫伤斑及一切附着物合并计算其面积不超过果皮总面积 10%。其中单个斑痕不得超过 0.25 平方厘米</td></tr>
</table>

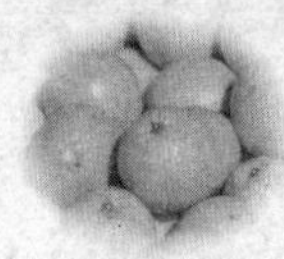

续表

等级	2L	L	M	S
风味	具有本品种固有风味		具有本品种固有风味	具有本品种应有风味
可溶性固形物含量(%)	≥11.0		≥11.0	≥10.5
固酸比	≥11.0:1		≥11.0:1	≥10.0:1
可食率(%)	≥70		≥70	≥70

* 等级差容许度:同一级果实中不得有隔级果,含邻级果的个数不得超过5%。

附录二　温州蜜柑商品果分等和分级要求

①分等：按感观指标分为Ⅰ等和Ⅱ等，达不到Ⅱ等指标的，均为等外果，见表1。

表1　温州蜜柑商品果外观等级

项　目	等　别	
	Ⅰ 等	Ⅱ 等
果　形	果形端正，扁圆形或高扁圆形	
色　泽	深橙色或橙色，着色部分应大于果面总面积的 90%	深橙色，采收时允许有浅黄绿色，其着色部分应大于果面总面积的 80%
果　面	果面光洁，不得有机械伤和深疤。日灼伤、病虫斑、药迹等一切附着物合并计算，其面积不得超过果面总面积的 5%	果面较光洁，不得有机械伤和深疤。日灼伤、病虫斑、烟煤病病菌污染、药迹等一切附着物合并计算，其面积不得超过果面总面积的 7%
可溶性固形物含量(%)	≥11.0	≥10.0
可食率(%)	≥70.0	

②分级：同等级果依据单果横径分为 2L、L、M、S、2S 级，大于 2L级或小于 2S 级均为等外品，见表2。

表2　温州蜜柑商品果大小等级

项　目	级　别				
	2L	L	M	S	2S
横径(毫米)	73～80	67～72	61～66	56～60	50～55

附录三　常山胡柚商品果分等和分级要求

常山胡柚按果实的外观和内质分为特级、一级和二级三个等级,果径大于100毫米或小于70毫米为等外果,详见下表。

表3　常山胡柚商品果质量感官和理化指标*

<table>
<tr><th colspan="2" rowspan="2">项目</th><th colspan="3">级别</th></tr>
<tr><th>特级</th><th>一级</th><th>二级</th></tr>
<tr><td rowspan="4">感官指标</td><td>横径(毫米)</td><td>100～85</td><td>≥80</td><td>≥70</td></tr>
<tr><td>果形</td><td colspan="3">果形端正、具有本品种固有特征</td></tr>
<tr><td>色泽</td><td colspan="3">橙黄色</td></tr>
<tr><td>果面</td><td colspan="3">果面光洁,无溃疡病病斑,无影响果面美观的机械伤、日灼斑、病变伤及介壳虫、锈壁虱危害斑。上述危害斑与风伤、烟煤病菌迹、药迹等一切附着物,合并计算其面积不超过果皮总面积的10%</td></tr>
<tr><td rowspan="2">理化指标</td><td>可溶性固形物含量(%)</td><td colspan="3">9.0</td></tr>
<tr><td>可食率(%)</td><td colspan="3">≥55</td></tr>
</table>

*容许度:同一级果实中不符合该级标准的邻级果,按个数计应≤5%,无隔级果。

附录四　本地早蜜橘商品果分等和分级要求

①分等:按感观指标分为Ⅰ等和Ⅱ等,达不到Ⅱ等指标的,均为等外果,见表1。

表1　本地早蜜橘商品果外观等级

项　目	等　别	
	Ⅰ　等	Ⅱ　等
果　形	果形端正,扁圆形或高扁圆形	
色　泽	完全着色,深橙黄色	完全着色,橙黄色
果　面	果面光洁,不得有机械伤和深疤。病虫斑、药迹等一切附着物合并计算,其面积不得超过果面总面积的10%	果面较光洁,不得有机械伤和深疤。病虫斑、药迹等一切附着物合并计算,其面积不得超过果面总面积的15%
可溶性固形物含量(%)	≥11.0	≥10.0
可食率(%)	≥70.0	

②分级:同等级果依据单果横径分为L、M、S级,大于L级或小于S级均为等外品,见表2。

表2　本地早蜜橘商品果大小等级

项　目	级　别		
	L	M	S
横径(毫米)	61～65	51～60	46～50

附录五　玉环柚商品果分等和分级要求

①分等:按感观指标分为Ⅰ等和Ⅱ等,达不到Ⅱ等指标的,均为等外果,见表1。

表1　玉环柚商品果外观等级

项　目	等　别	
	Ⅰ　等	Ⅱ　等
果　形	果形端正,扁圆形或高扁圆形,果脐微凹,果肩有轻度倾斜	果形尚端正,高扁圆形,果脐微凹或平,果肩有轻度倾斜,但不得有严重影响外观的畸形果
色　泽	黄色或橙黄色，采收时允许有黄绿色，其着色部分应大于果面总面积的1/2	黄色或浅黄色，采收时允许有浅黄绿色，其着色部分应大于果面总面积的1/3
果　面	果面光洁,无萎蔫、裂果,不得有溃疡病病斑和深疤。病虫斑、药迹、泥土等一切附着物合并计算，其面积不得超过果面总面积的10%,单个附着物不得超过3平方厘米。无未愈合的机械伤、日灼伤。允许有不影响外观的疏网纹	果面光洁,无萎蔫、裂果,不得有溃疡病病斑和深疤。病虫斑、药迹、泥土等一切附着物合并计算，其面积不得超过果面总面积的20%。无未愈合的机械伤、日灼伤。允许有不严重影响外观的疏网纹
可溶性固形物含量(%)	≥10.5	≥10.0
可食率(%)	≥50.0	

②分级:同等级果依据单果重量分为3L、2L、L、M、S级,大于3L级或小于S级均为等外品,见表2。

表5-2　玉环柚商品果大小分级

项　目	级　别				
	3L	2L	L	M	S
重量(克)	1 750～2 000	1 500～1 749	1 250～1 499	1 000～1 249	750～999

附录六　温岭高橙商品果分等和分级要求

①分等：按感观指标分为Ⅰ等和Ⅱ等，达不到Ⅱ等指标的，均为等外果，见表1。

表1　温岭高橙商品果外观等级

项　目	等　别	
	Ⅰ　等	Ⅱ　等
果　形	果形端正，高扁圆形	果形端正，圆形或扁圆形，果肩有轻度倾斜
色　泽	橙色，着色良好、鲜艳	橙黄色，着色良好
果　面	果面光洁，无萎蔫，不得有机械刺伤和深疤。病虫斑、药迹、泥土等一切附着物合并计算，其面积不得超过果面总面积的10%。允许有不影响外观的疏网纹	果面光洁，无萎蔫，不得有机械刺伤和深疤。病虫斑、药迹、泥土等一切附着物合并计算，其面积不得超过果面总面积的15%。允许有不严重影响外观的风伤和疏网纹
可溶性固形物含量(%)	≥11.0	≥10.0
可食率(%)	≥70	≥70

②分级:同等级果依据单果重量分为2L、L、M、S级,大于2L级或小于S级均为等外品,见表2。

表2　温岭高橙商品果大小分级

项　目	级　别			
	2L	L	M	S
重量(克)	501～550	401～500	351～400	301～350

附录七　脐橙商品果分等和分级要求

①分等：按感观指标分为Ⅰ等和Ⅱ等，达不到Ⅱ等指标的，均为等外果，见表1。

表1　脐橙商品果外观分级

项　目	等　别	
	Ⅰ　等	Ⅱ　等
果　形	果形端正，具有该品种的典型特征，形状一致	果形较端正，具有该品种的典型特征，形状较一致
色　泽	深橙黄色或橙红色，采收时允许有黄绿色，其着色部分应大于果面总面积的90%	深橙黄色，采收时允许有黄绿色，其着色部分应大于果面总面积的80%
果　面	果面光洁，无萎蔫、裂果，不得有溃疡病斑和深疤。病虫斑、药迹、泥土等一切附着物合并计算，其面积不得超过果面总面积的10%。无未愈合的机械伤、日灼伤	果面较光洁，无萎蔫、裂果，不得有溃疡病斑和深疤。病虫斑、药迹、泥土等一切附着物合并计算，其面积不得超过果面总面积的15%。无未愈合的机械伤、日灼伤
可溶性固形物含量(%)	≥11.0	≥10.0
可食率(%)	≥70	≥70

②分级：同等级果依据果实横径分为 3L、2L、L、M、S 级，大于 3L 级或小于S 级均为等外品，见表 2。

表 2　脐橙商品果大小分级

项　目	级　别				
	3L	2L	L	M	S
横径(毫米)	89～95	81～88	74～80	67～73	60～66

附录八　柑橘优质高效生产模式图

月份	1月	2月	3月	4月	5月	6月	7月	8月	9月	10月	11月	12月
节气	小寒　大寒	立春　雨水	惊蛰　春分	清明　谷雨	立夏　小满	芒种　夏至	小暑　大暑	立秋　处暑	白露　秋分	寒露　霜降	立冬　小雪	大雪　冬至

生育期：花芽分化期、相对休眠期（1—2月）→萌芽期→春梢生育期、花蕾期、开花期、新根发生期→生理落果期、夏梢生育期→新根发生期→早秋梢生育期、果实膨大期→新根发生期→晚秋梢生育期、果实转色期→果实成熟采收期、花芽分化期、相对休眠期（12月）

操作规程

- 防冻
树干涂白
地面覆盖
园地修整
- 修剪
清洁橘园：
清除枯枝落叶，减少病虫基数。
清园：用松碱合剂或石硫合剂或机油乳剂等全面喷布树冠。
施芽前肥：
根据树势生长及上年结果情况，树势偏弱且未施冬肥的，适施芽前肥
- 除草
病虫防治：
1. 疮痂病
2. 红蜘蛛
3. 花蕾蛆
控梢保果：能分辨花蕾时开始，对少花树或中花旺盛树抹除树冠外围所有春梢，营养梢，中下部营养梢抹去 1/3～2/3，保留春梢留 3～4 叶摘心
- 保果：
1. 继续控梢保果
2. 根据树势及花量等情况，喷布营养保果剂，补充微量元素。
病虫防治：
1. 疮痂病
2. 红蜘蛛
3. 木虱、蚜虫
开沟排水
- 控夏梢
夏梢抽发后，留 1～2 叶摘心
病虫防治：
1. 疮痂病
2. 黑点病
3. 红蜘蛛
4. 木虱
5. 粉虱
- 除夏梢，放秋梢：
7 月 20 日前后，去除所有夏梢，统一放秋梢，使秋梢生产整齐，同时便于病虫害防治。
施壮果肥：
在 6 月下旬施壮果逼梢肥。
病虫防治：1. 螨类
2. 蚧类
3. 黑点病
4. 炭疽病
抗旱、防台风
- 抗旱：灌溉、地面覆盖
病虫防治：1. 潜叶蛾
2. 螨类
3. 黑点病
4. 杀虫灯诱杀夜蛾
营养追肥
控晚秋梢
抗旱、防台风
- 特早熟品种采收
控制晚秋梢
病虫防治：1. 螨类
2. 黑点病
3. 夜蛾
抗旱
- 分期分批完熟采收
施采果肥
采后树冠修剪整理
冬季清园
避雨地膜覆盖
大棚覆膜
树干涂白

灾情提示

▲冻害：出现-5℃以下低温　▲异常落花落果：突然出现 30℃以上高温　▲坐浆：连绵阴雨，排水不良，根群霉烂　▲异常落果：突然出现 35℃以上高温　▲台风：台风造成风灾、水灾　▲旱灾：伏旱、秋旱，持续 30 天以上旱情　▲冻害：早霜、寒流、冰冻

安全优质生产框架

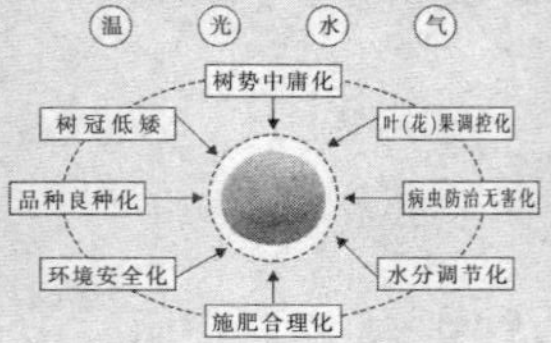

温　光　水　气
树势中庸化　叶(花)果调控化　病虫防治无害化　水分调节化　施肥合理化　环境安全化　品种良种化　树冠低矮

结构指标

项目	指标
亩产	2000～3000 千克
种植密度(株/亩)	山地 80～100，平地 70～90
树冠覆盖率(%)	80～85
园相	中庸一致，树冠低矮
土质	有机质 1%以上，活土层深 45 厘米以上，地下水位低于 90 厘米，pH 值 5.5～7。
排灌	方便，水源充足

施肥方式

项目	时期	比例(%)	注意点
芽前肥	2 月下旬至 3 月中旬	15～25	氮肥为主，配合磷、钾肥
壮果肥	6 月中旬至 7 月上旬	45～55	钾肥为主，配合氮、磷肥
采果肥	采果后 10 天以内	25～30	氮、磷、钾配合
叶面肥	根据树体生长情况，在不同生育期喷施		
微量元素	以缺补缺，在各元素吸收高峰期喷施。根外追肥施用浓度：硼砂、硫酸锌、硫酸锰、硫酸镁均为 0.1%～0.3%，钼酸铵 0.01%～0.05%。严重缺铁橘园以 4%柠檬酸和 6%硫酸亚铁混合液埋瓶吸铁。商品微肥按说明书严格执行		
比例	氮(N)∶磷(P_2O_5)∶钾(K_2O)为 1∶0.8∶1		
方法：环状沟施	树冠滴水线处挖 20～40 厘米沟施入		
方法：条形沟施	树冠投影下，东西南北以放射形对称挖 20～40 厘米沟施入		
方法：地面撒施	撒施在树冠叶绿层密集投影面下土层表面		

整形修剪图解

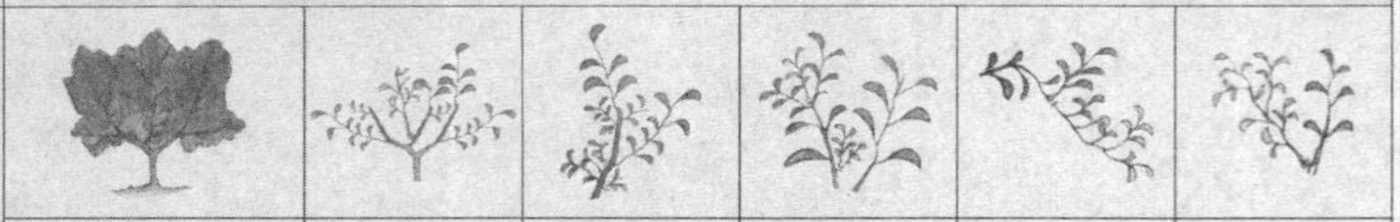

自然开心形树体结构。高 1.5～2.0 米，冠径 2.5～3 米，绿叶层厚 1 米左右。主枝：3～4 个　副枝：每主枝 2～3 个　侧枝：大小有序均匀分布在主枝和副枝上	大枝修剪：剪除直立枝	骨干枝上新梢去密留疏，去强去弱留中庸	疏删丛状枝，长梢及时摘心	下垂枝回升	衰退枝组及时更新

主要病虫害防治方法

防治对象	疮痂病	黑点病	炭疽病	红蜘蛛	锈壁虱	褐黄圆蚧	糠片蚧	矢尖蚧	黑刺粉虱	木虱	潜叶蛾	蚜虫	花蕾蛆	吸果夜蛾
防治适期	1. 春梢芽长 1～2 毫米；花谢 2/3；6 月中下旬幼果期	4～9 月	新梢抽发期；幼果期；大风暴雨过后	冬春清园；4～6 月；9～10 月	7～10 月	春梢萌芽前；5 月下旬；7 月中旬；9 月上旬	春梢萌芽前；5 月下旬；7 月中旬；9 月上旬	春梢萌芽前；5 月下旬；7 月中旬；9 月上旬	春梢萌芽前；5～6 月；7 月下旬至 8 月中旬；8 月下旬至 9 月上旬	4 月中旬至 6 月上旬；7 至 9 月	7～8 月嫩梢盛发期，从芽长 12 厘米开始，7～10 天一次	4～5 月；7～8 月新梢期	花蕾露白	8～10 月
防治指标	上年秋梢叶片发病率 5%以上；幼果发病率 20%以上	主干和枝条上见病斑，上年发病较重或去冬受冻害影响	梢、叶、花果发病率 4%～5%；急性形的见病则治	冬春清园平均每叶 1 头；春季每叶 2～3 头；秋季每叶 3 头	10 倍放大镜每视野 2～3 头	春季清园；叶片有虫率 8%；果实有虫率 3%	春季清园；叶片有虫率 8%；果实有虫率 3%	春季清园；叶片有虫率 8%；果实有虫率 3%	平均每叶虫数 1 头以上	5%嫩梢有若虫	50%以上嫩梢上未展叶有危害	25%新梢有蚜	上年花蕾危害率 6%以上；当年花蕾有卵或若虫 5%以上	果实有危害
防治方法	0.5%～0.8%等量式波尔多液清园；氢氧化铜、代森锰 [illegible]	0.8～1 度石硫合剂清园；代森锰锌、百菌清、氢氧 [illegible]	0.8～1 度石硫合剂清园；代森锰锌、氢氧化铜、甲 [illegible]	春季清园松碱合剂、机油乳剂、石硫合剂；哒螨灵、哒螨酮、噻螨酮、唑螨酯、双甲 [illegible]	春季清园松碱合剂、机油乳剂、石硫合剂；哒螨酮、唑螨酯、双甲脒、三 [illegible]	春季清园松碱合剂；机油乳 [illegible]	春季清园松碱合剂；机油乳 [illegible]	春季清园松碱合剂；机油乳 [illegible]	春季清园松碱合剂；机油乳剂、噻嗪 [illegible]	吡虫啉、阿维菌素等	吡虫啉、啶虫脒、除虫脲等	吡虫啉、啶虫脒、鱼藤酮等	辛硫磷撒地面	杀虫灯、黑光灯诱杀

附录九　杨梅周年管理技术要点

栽培技术			备注
管理农时	病虫害防治	农业措施	
2月上旬至3月上旬	● 清园:2月上旬喷3～5波美度石硫合剂 ● 梢枯病:发病后剪除丛生枝和枯死枝,并及时喷0.1%无水硼砂加0.2%尿素 ● 小叶病:喷0.2%硫酸锌加0.3%尿素水溶液,或在早春视树大小,地面撒施硫酸锌20～100克 ● 赤衣病:2月底至3月5日前,树干喷10倍液松碱合剂	● 施肥:衰弱结果树株施草木灰15千克或硫酸钾0.5～0.75千克。生长旺盛的树不施 ● 幼树拉枝,开张树冠 ● 修剪:花量过多的弱树,疏删细弱密生的花枝,衰老树树冠更新 ● 做好杨梅种植、小苗嫁接和高接换种	
3月中旬至4月中旬	● 白蚁:(4～10月气温20℃以上易为害)采用灭白蚁膏剂,蚁路灭杀。或用40%毒死蜱1 000倍液加1%红糖液喷草后,堆草诱杀 ● 赤衣病:树干喷50%退菌特800倍液或65%代森锌600倍液。发病严重的用刷刷净树干再喷药,隔20天再喷一次 ● 癌肿病:剪除病枝或刮除病瘤后涂402抗菌剂50~100倍液或硫酸铜100倍液 ● 谢花后喷1次杀菌剂加杀虫剂减轻病虫害发生	● 继续做好小苗嫁接与高接换种 ● 保花保果:生长旺盛的树应及时疏控早春梢,树盘刨土断根等,提高坐果率 ● 叶面追肥:花蕾期喷0.2%硼砂加0.2%磷酸二氢钾 ● 播种夏绿肥	

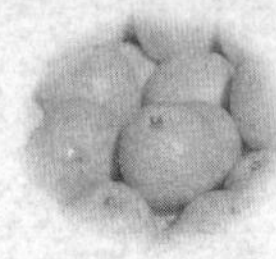

续表

栽培技术			备注
管理农时	病虫害防治	农业措施	
4月下旬 至 5月上旬	● 继续防治癌肿病、白蚁 ● 肉葱病：以综合措施防治为主，以满足树体钾、硼、钙、锌等元素需求，生长旺盛果园，在春梢生长期抹除直立向上及过密嫩枝，留下的春梢5～6片叶摘心，幼果期喷低浓度"九二〇"或喷600～800倍高美施2～3次 ● 褐斑病：喷75%猛杀生干悬浮剂600～800倍液或50%多菌灵600倍液等 ● 卷叶蛾：喷20%抑宝2 000倍液，或48%毒死蜱(乐斯本)1 000倍液	● 根外追肥：喷射1%过磷酸钙浸出液、绿芬威(2号)1 000倍液等 ● 疏果：第一次疏去劣果、密生果、小果，每条结果枝留4～6果;果实横径1厘米左右时，再次疏果，每枝留2～4果 ● 追施壮果肥：4月下旬视挂果量，株施硫酸钾0.25～1千克。挂果少、树势强的不施	注意： 1. 一次性疏果不能太多，否则加剧肉葱病、裂果病发生 2. 壮果肥不能太迟，否则果实不会成熟或推迟成熟
5月中旬 至 5月下旬	● 卷叶蛾、癌肿病：继续做好防治，药剂同前 ● 蚧类：第一代若虫孵化盛期正值果实膨大期，如需防治应选用高效、低毒农药，可用99%绿颖400倍加25%扑虱灵1 500倍液防治 ● 褐斑病：继续做好防治，药剂可用百菌清600～800倍液或消菌灵600倍液。喷后隔10天左右再喷1次 ● 捕杀天牛成虫	● 继续疏果 ● 选择绿芬威1号1 000倍液、或易收800～1 000倍液、或三十烷醇1 000倍液等营养液进行根外追肥	注意农药安全间隔期

续表

栽培技术			备注
管理农时	病虫害防治	农业措施	
6月上旬 至 6月下旬	● 根腐病:分青枯和慢性衰亡型两种。对初发或中等偏轻植株土施70%甲基托布津或50%多菌灵0.25～0.5千克/株或根部扒土浇灌402抗菌剂50～100倍液或菌根消加活性促根剂,树冠喷杀菌剂、营养液 ● 金龟子:可用杀虫灯或糖醋诱杀成虫,采后喷25%全杀净2 500倍液 ● 果蝇:6月上、中旬用诱蝇纸(绳)诱粘果蝇 ● 白腐病:果实转色期,喷山梨酸钾600倍液	● 定果:上旬视树势、品种而定,东魁平均每个结果枝留2果,树冠外围粗壮结果枝留3～4果,中果枝留2～3果,短果枝留1果 ● 采前割刈绿肥,清理园地柴草 ● 成熟杨梅及时采收,在清晨或傍晚采摘,做到选红留青随熟随采,分批采摘,分级包装上市 ● 采后立即施肥,成年树株施饼肥2～3千克加焦泥灰10千克(或硫酸钾0.5～1千克),树势弱加尿素0.25～0.5千克,树势强可以不施采后肥或推迟到11月至次年2月施	结果树采果前20天禁止树冠喷药
7月上旬 至 7月下旬	● 蛾类:若虫期喷20%杀灭菊酯2 000～3 000倍液或48%毒死蜱1 000倍液 ● 褐斑病:采后继续防治,药剂同上 ● 蚧类:下旬用机油乳剂150～200倍液加杀灭菊酯3 000倍液,或速扑杀1 000倍液防治 ● 黑胶粉虱:选用3%啶虫脒3 000倍液	● 继续施采果肥,要求上旬完成 ● 新种植杨梅及时覆盖做好抗旱 ● 喷多效唑:生长旺盛、结果少或不结果的树,在夏秋梢长1厘米时,喷15%多效唑250～300倍液或5%烯效唑200倍液 ● 整枝修剪:疏剪高大直立大枝,密生枝,并注意伤口保护,对侧枝角度小的进行拉枝,以促进树冠开张,通风透光	土施多效唑间隔期要求在3年以上

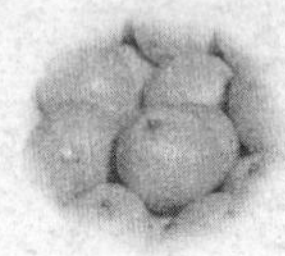

续表

栽培技术			备注
管理农时	病虫害防治	农业措施	
8月上旬 至 9月上旬	● 继续防治蛾类、蚧类：药剂同上。喷1～2次 ● 台风后及时喷杀菌剂、营养液，促进树势恢复	● 抗旱：树盘盖草防旱，有条件的地方实行喷、浇灌抗旱 ● 防台抗台：台风前加固树体，地膜覆盖。台风后扶树理枝 ● 叶面追肥1～2次，促进夏梢老熟	
9月中旬 至 10月上旬	● 赤衣病：药剂同上 ● 蚧类：视虫情适时选药，继续做好防治 ● 诱杀白蚁：方法同上	● 控制秋梢萌发，采取抹芽摘心或秋梢刚萌发时喷15%多效唑250～300倍液 ● 继续防台抗灾	
10月中旬 至 1月下旬	● 土施多效唑：在10～11月土施多效唑，可按树冠投影面积每平方米施15%多效唑0.6～2.3克加细土15～20千克均匀撒施 ● 清园：喷3～5波美度石硫合剂 ● 施肥：采果后未施采果肥的，11月至次年2月视树势适施肥料	● 杨梅种植准备，做好开山、整地、挖穴 ● 成年杨梅园深翻。幼年树扩穴改土 ● 培土护根 ● 冬季修剪：以剪小枝为主。剪除直立枝、枯枝、病虫枝、细弱枝、密生枝、晚秋梢，删除或短截徒长枝 ● 播种冬绿肥 ● 清扫枯枝落叶，集中烧毁	

附录十　杨梅病虫害防治无公害农药名称

类型		名称(别名)		作用特点	备注
杀虫剂	微生物源	青虫菌	苏芸金杆菌、Bt乳剂、杀虫菌1号、菌杀敌、果菜净	人畜无害，无残毒，不伤害天敌	产晶体芽孢杆菌的细菌性杀虫剂。鳞翅目、直翅目、鞘翅目、双翅目、膜翅目等，鳞翅目最好
		白僵菌		人畜无毒，果树安全。但对家蚕有害	一种真菌性杀虫剂
	植物源	松脂碱	松脂碱合剂、松针碱、灭蚧、固体松脂碱等	有多种药力效用。无毒或毒性极微，不污染环境，取材容易等优点	生物性与矿物性结合的松脂酸钠农药。蚧类、粉虱、螨类、鳞翅目幼虫等，枝干上的地衣、苔藓与其他附生植物，还能兼治杨梅枝腐病、褐腐病、干腐病等
		鱼藤酮		杀虫广谱，对环境不污染 在光和碱存在下易氧化失效，无残留	从鱼藤根淬提液结晶的植物性杀虫剂
		烟碱		有熏蒸和胃毒作用，广谱性，残效期较短	主要成分是尼古丁
		藜芦碱	虫敌、西伐丁	低毒、低残留，不污染环境	一种中草药经乙醇淬取植物性杀虫剂
		苦参碱	苦参素	有触杀和胃毒作用。低毒性，能防治多种害虫或害螨	苦参的根、茎、叶、果经乙醇等有机溶剂淬取而成
		茴蒿素		低毒。胃毒杀虫作用	主要成分是山道年及百部碱

续表

类型		名称(别名)		作用特点	备注
杀虫剂	植物源	川楝素	蔬果净	胃毒、触杀和拒食等作用。对人畜毒性低	
杀虫剂	有机合成	吡虫啉	大功臣、一遍净、速克星、海正吡虫啉、扑虱蚜、蚜虱净、咪蚜胺、灭虫精、比丹、康福多	广谱、高效、低毒、低残留,害虫不易产生抗性	一种全新超高效的氯化尼古丁杀虫剂
杀虫剂	有机合成	马拉硫磷	马拉松、马拉赛昂	高效、低毒、广谱	一种有机磷杀虫剂
杀虫剂	有机合成	辛硫磷	肟硫磷、腈肟磷、倍腈松、倍氰松	广谱、高效、低毒以触杀和胃毒为主,有一定的杀卵作用	一种有机磷杀虫剂
杀虫剂	有机合成	敌百虫		低毒广谱。较强胃毒兼触杀作用	一种有机磷杀虫剂
杀菌剂	微生物源	抗霉菌素	抗霉菌素 120、农抗 120、120 农用抗生素	低毒、无残留,对果树和天敌安全,并有刺激果树生长作用,不污染环境	一种农用抗生素类杀菌剂
杀菌剂	微生物源	多氧霉素	多抗霉素、多效霉素、保利霉素、科生霉素、宝丽安	低毒、无残留,对天敌和果树安全,对环境无污染	一种农用抗生素类杀菌剂
杀菌剂	微生物源	井冈霉素	有效霉素	低毒、持效期长,耐雨水冲刷,不污染环境	一种碱性的农用抗生素杀菌剂
杀菌剂	微生物源	中生霉素	农抗 751	广谱、高效、低毒,无污染	
杀菌剂	微生物源	农用链霉素	盐酸链霉素	广谱低毒;可引起皮肤过敏反应	一种放线菌所产生的代谢产物

续表

类型		名称(别名)		作用特点	备注
杀菌剂	有机合成	菌毒清	安索菌毒清	内吸性	一种甘氨酸类的杀菌、杀病毒剂
		代森锰锌	大生 M-5、喷克、新万生等	广谱、高效、低毒，病菌不易产生抗体 还能补锰、补锌	一种有机硫保护性杀菌剂
		新星	福星	内吸性。对人畜低毒，不伤害天敌、有益生物 耐雨水冲刷	一种三嘧唑类的杀菌剂
		甲基托布津	甲基硫菌灵、甲基多保净、红日杀菌剂	广谱、低毒 有保护和内吸治疗的双重作用	一种有机杂环类杀菌剂
		多菌灵	苯并咪唑 44 号、棉萎灵、棉萎丹	高效、低毒、内吸性较强、持效期较长等优越性	一种苯并咪唑类杀菌剂
		扑海因	异菌脲、异菌咪、咪唑霉	以保护作用为主。对人畜低毒，具广谱性	一种有机杂环类的杀菌剂
		粉锈宁	三唑酮、粉锈灵、百理通	内吸性强 具有高效、低毒、低残留、持效期长等特点	一种三唑类杀菌剂
		甲霜灵	瑞毒霉、雷多米尔、甲霜安、阿普隆、瑞毒霜	内吸和渗透力很强，高效，有保护和治护作用 对人畜低毒，耐雨水冲刷，持效期长	一种苯基酰胺类杀菌剂
		百菌清	达克宁、达克尼尔	广谱，预防保护和治疗作用，有一定熏蒸作用 对人畜安全，耐雨水冲刷，持效期长	一种取代苯类的非内吸性杀菌剂

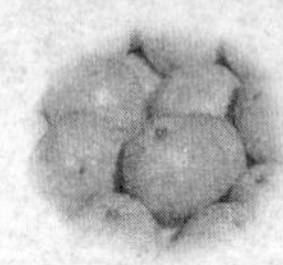

续表

类型		名称(别名)		作用特点	备注
杀螨剂	微生物源	浏阳霉素		高效、低毒，杀螨谱较广，不杀伤捕食螨与其他天敌害螨不易产生抗性	一种农用抗生素类杀螨剂
		阿维菌素(国内称：齐螨素)	商品名：海正灭虫灵、爱福丁、7051杀虫素、阿巴丁、农哈哈、虫螨克、阿维虫清等	高效、低毒、广谱，害虫不易产生抗性 对天敌较安全	一种农用抗生素类杀虫、杀螨剂
		华光霉素	日光霉素、尼柯霉素	高效、低毒、低残留，对果树无药害，对天敌安全	一种杀螨兼杀真菌活性的农用抗生素
	有机合成	克螨特	丙炔螨特、杀螨净、敌螨、汰螨乐	高效、低毒、广谱 具有触杀和胃毒作用，害虫不易产生抗性	一种有机硫杀螨剂
		尼索朗	噻螨酮、NA-73	具有触杀和胃毒作用，耐雨水冲刷，对人畜低毒。残效期较长	一种对螨卵和幼螨杀伤力极强，不杀成螨的专用杀螨剂
		螨死净	阿波罗、四螨嗪	除成螨外，对卵、幼螨的杀伤力较高。 对人畜低毒，持效期长	一种高度活性的专用杀螨剂
昆虫生长调节剂		卡死特	灭幼脲、灭幼脲3号	能抑制昆虫表皮几丁质的合成，使幼虫不能正常蜕皮而死亡。对人畜毒性低，对天敌杀伤力小	一种昆虫生长调节剂
		卡死克		抑制害虫和螨类表皮几丁质合成。高效、低毒	一种酰基脲类昆虫生长调节剂

续表

类型	名称(别名)			作用特点	备注
昆虫生长调节剂		扑虱灵	噻嗪酮、优乐得、稻虱净、环烷酮、环烷脲、NNT—750	以触杀作用为主,兼有胃毒作用。高效、低毒	一种选择性的昆虫生长调节剂
		除虫脲	敌灭灵	胃毒和触杀作用。对人畜安全	
矿物源杀虫剂、杀螨剂、杀菌剂	石油乳剂系列	蚧螨灵	石油乳剂或机油乳剂	无毒、安全,对害虫抗性小对寄生蜂、瓢虫、草蛉杀伤力较低	蚧螨灵
		绿颖	“喷淋油”	高效、低毒。不破坏生态环境,对天敌杀伤力低不刺激其他害虫大发生,对害虫不产生抗性。能提高果实外观品质	一种控制害虫、害螨和病害的矿物油乳油
		敌死虫	是加德士敌死虫的简称	高效、低毒,对人畜安全,环境无污染对害虫无抗性,持效期长	一种有机农药
	松焦油系列	腐必清	松焦油原液	渗透性强,耐雨水冲刷,药效长真菌性病害有防除作用	
	石硫合剂系列	石硫合剂	硫磺石灰是石灰硫磺合剂的简称	杀螨、杀虫、杀菌等多种效用对人畜安全,无残留不污染环境,不易产生抗性	硫磺粉1千克、生石灰0.5千克,水5千克经熬煎而成的液体。其有效成分是多硫化钙
		晶体石硫合剂			硫磺、石灰和水在金属触媒作用下,经高温、高压加工成的固体剂型
		胶体硫	硫悬浮剂		硫磺粉经特殊加工成的胶悬剂

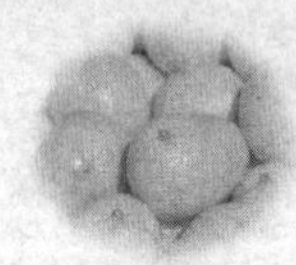

续表

类型		名称(别名)		作用特点	备注
矿物源杀虫剂、杀螨剂、杀菌剂	铜制剂系列	波尔多液	有等量式、倍量式、半量式、多量式等不同配量的波尔多液	杀菌广谱，持效期长，病菌无抗性 对人畜低毒	硫酸铜、生石灰加水自行配制的保护性杀菌剂
		铜高尚		杀菌力强、悬浮性好、耐雨水冲刷、安全、低毒	一种超微粒的铜制剂
		可杀得		黏附性强，耐雨水冲刷、对人畜安全	一种新型的铜基杀菌剂
		碱式硫酸铜		分散性好，耐雨水冲刷,对人畜安全	一种粒质细小的保护性低毒杀菌剂
		混合二元酸铜	琥珀胶酸铜、DT混剂	广谱性、低毒	一种保护作用的杀菌剂
		络氨铜	胶氨铜、消病灵、瑞枯霉	易溶于水，对人畜低毒,黏着性好	一种有机铜杀菌剂
		松脂酸铜	海宇博尔多	高效、低毒、持效期较长的广谱性	一种新型杀菌剂
		必备		杀菌广谱、持效期长、黏着性好,对人畜安全	一种新型杀菌剂